环境监测实验教程

聂文杰　主编

中国矿业大学出版社
·徐州·

内 容 简 介

本书汇总编排了有关水质、大气、土壤、固废以及生物和物理污染等方向的实验检测方法，并在此基础上针对常见的水质污染提供了综合设计型实验，使学生可以在理论实践的基础上对现实存在的问题进行合理安排、设计实验。

本书可供环境工程、给水排水工程等相关人员、科研人员和学生阅读，对相关从事检测的人员也有一定的参考价值。

图书在版编目(CIP)数据

环境监测实验教程/聂文杰主编. —徐州：中国矿业大学出版社，2020.11

ISBN 978-7-5646-4694-3

Ⅰ. ①环… Ⅱ. ①聂… Ⅲ. ①环境监测—实验—高等学校—教材 Ⅳ. ①X83-33

中国版本图书馆 CIP 数据核字(2020)第 219257 号

书　　名　环境监测实验教程
主　　编　聂文杰
责任编辑　周　红
出版发行　中国矿业大学出版社有限责任公司
（江苏省徐州市解放南路　邮编 221008）
营销热线　(0516)83884103　83885105
出版服务　(0516)83995789　83884920
网　　址　http://www.cumtp.com　**E-mail**:cumtpvip@cumtp.com
印　　刷　苏州市古得堡数码印刷有限公司
开　　本　787 mm×960 mm　1/16　**印张** 8.75　**字数** 157 千字
版次印次　2020 年 11 月第 1 版　2020 年 11 月第 1 次印刷
定　　价　29.00 元
（图书出现印装质量问题，本社负责调换）

前　言

环境工程作为一门工程性质的学科，在水污染控制、大气污染控制和土壤污染控制等方面均有所涉及。本实验指导书以此为依托，将环境工程专业中水、大气、土壤以及生物和固废等方向的常规实验编排到一起，可以帮助环境工程和相关专业的学生对于各个方向常规实验的学习和理解。

全书共分为两部分。第一部分为环境监测基础实验，第 1 章水质监测，介绍了水样中常规指标的测定方法；第 2 章大气污染监测，介绍了气态颗粒物的测定方法；第 3 章固体废物监测，介绍了固废浸出毒性和腐蚀性测定；第 4 章土壤污染监测，介绍了土壤中重金属及农药残留的测定；第 5 章生物监测，介绍了细菌总数及生物毒性的测定；第 6 章物理污染监测，介绍了光污染和噪声污染的测定；第二部分为环境监测综合设计型实验，介绍了测定水中离子及重金属元素的测定实验方案的制订。

本书由西安科技大学聂文杰统筹定稿。贾阳和舒浩参与了本书的校对工作。

本书引用了国内外许多学者的相关研究成果或者观点，在此深表感谢！

由于编者知识水平有限，加之时间紧迫，书中不妥之处在所难免，敬请读者批评指正。

编　者

2019 年 11 月 15 日

目 录

第一部分 环境监测基础实验

第一部分

环境监测基础实验

第1章　水质监测

实验1　水样色度和浊度的测定

一、实验目的与要求

(1) 了解色度和浊度的基本概念；

(2) 掌握色度和浊度的测定方法。

二、实验原理

水样色度和浊度是衡量水质的重要指标。

色度是水样颜色深浅的度量。某些可溶性有机物、部分无机离子和有色悬浮微粒均可使水着色。水样的色度测量应以去除悬浮物后的水样为准。色度通常采用铂钴标准比色法测定，即用氯铂酸钾和氯化钴配制标准色列，将被测水样的颜色与之进行比较，并规定浓度为 1 mg/L 的铂所产生的颜色为 1 度。

浊度是表示水中悬浮物对通过光线产生的阻碍程度。它与水样中存在颗粒物的含量、粒径大小、形状及颗粒表面对光散射特性等因素有关。水样中的泥沙、有机物、无机物、浮游生物和其他微生物等悬浮物与胶体物质都可使水体浊度增加。我国规定 1 L 蒸馏水中含有 1 mg 二氧化硅所产生的浊度为 1 度。

三、实验仪器与试剂

(1) 无色度、浊度水。将蒸馏水通过 0.2 μm 滤膜，弃去最初的 250 mL，用以配制色度和浊度的标准溶液。

(2) 铂钴标准溶液。称取 1.246 g 氯铂酸钾(K_2PtCl_6)及 1.000 g 氯化钴($CoCl_2 \cdot 6H_2O$)，溶于 500 mL 水中，加 100 mL 浓盐酸，转入 1 000 mL 容量瓶后用水稀释至标线，存放于暗处，此标准溶液的色度相当于 500 度。

(3) 二氧化硅浊度溶液。称取约 3 g 纯白陶土置于研钵中，加入少量水充分研磨成糊状，移入 1 000 mL 量筒加水至标线。充分搅拌后静置 24 h，用虹吸法弃去表面 5 cm 深的液层，然后收集 500 mL 中间层的溶液。取 50 mL 此悬浊液置于已恒重的蒸发皿中，用水浴蒸干，随后置于 105 ℃烘箱内烘 2 h，冷却，称量。求出每毫升悬浊液中所含白陶土的质量(mg)。

边摇边振，吸取含 250 mg 白陶土的悬浊液置于 1 000 mL 容量瓶中，加水至标线，此溶液振摇均匀后的浊度为 250 度。取此溶液 100 mL 置于 250 mL 容量瓶中加水至标线，得到浊度为 100 度的标准溶液。在各标准溶液中加入 1 g氯化汞保存，防止菌类生长。

四、实验步骤

1. 色度的测定

(1) 分别吸取色度为 500 度的标准溶液 1.00 mL、2.00 mL、3.00 mL、4.00 mL、5.00 mL、6.00 mL、7.00 mL、8.00 mL、9.00 mL、10.00 mL、12.00 mL、14.00 mL 置于 100 mL 比色管中，用水稀释至标线，其色度分别为 5 度、10 度、15 度、20 度、25 度、30 度、35 度、40 度、45 度、50 度、60 度、70 度。若封住管口，可长期保存。

(2) 吸取 100 mL 澄清水样(若浑浊，先经离心处理，取上层清液)盛于 100 mL的比色管中，与铂钴标准色度系列作目视比色。比色应在自然光线下进行，在比色管底部衬一张白纸或白色瓷板，稍微倾斜比色管，使光线由液柱底部向上透过。如果水样色度超过 70 度，可用水稀释后比色。

2. 浊度的测定

(1) 浊度为 1～10 度的水样

① 分别吸取浊度为 100 mg/L 的标准溶液 0 mL、1.00 mL、2.00 mL、4.00 mL、6.00 mL、8.00 mL、10.00 mL 置于 100 mL 比色管中，加水至标线，混匀，其浊度依次为 0 度、1.0 度、2.0 度、4.0 度、6.0 度、8.0 度、10.0 度。

② 吸取 100 mL 均匀水样置于 100 mL 比色管中，与①中配制的标准系列在黑色底板上进行目视比色。

(2) 浊度为 10～100 度的水样

① 分别吸取浊度为 250 mg/L 的标准溶液 0 mL、10.0 mL、20.0 mL、30.0 mL、40.0 mL、50.0 mL、60.0 mL、70.0 mL、80.0 mL、90.0 mL、100.0 mL置于 250 mL 容量瓶中，加水至标线，混匀，即得浊度分别为 0 度、10 度、20 度、30 度、40 度、50 度、60 度、70 度、80 度、90 度、100 度的标准系列，转入250 mL具塞无色玻璃瓶中。

② 吸取 250 mL 水样，置于 250 mL 具塞无色玻璃瓶中，摇匀。将瓶底放在有黑线的白纸上作为判别标识，眼睛从瓶前向后看，记录与水样有同样浊度的标准溶液度数。如果水样浊度超过 100 度，需稀释后再测定。

五、数据处理

1. 色度

$$C=\frac{M}{V}\times 500$$

式中　C——水样的色度，度；

M——铂钴溶液用量，mL；

V——水样体积，mL。

2. 浊度

$$C=\frac{A\times(B+V)}{V}$$

式中　C——水样的浊度，度；

A——稀释后水样的浊度，度；

B——稀释水体积，mL；

V——原水样体积，mL。

六、注意事项

1. 色度

(1) pH 值对色度影响较大，pH 值高时往往色度深，在测量色度时应测量溶液的 pH 值。

(2) 当水体受污染，水样的颜色与标准色列不一致时，应用文字描述颜色。

(3) 由于氯铂酸钾价格很贵，也可称取 0.500 0 g 铂丝，溶于适量王水中，于通风橱内放在石棉网上加热，使铂丝溶解生成氯铂酸，蒸发至干。加少许盐酸，加热使剩余的硝酸分解，如此反复处理数次，加入 1.00 g 氯化钴 ($CoCl_2\cdot 6H_2O$) 和 100 mL 纯水，再加 1.8 g/mL 盐酸 100 mL，移入 1 000 mL 容量瓶内，用纯水定容，所得标准液的色度为 500 度。

2. 浊度

(1) 配制浊度标准溶液所用的标准品有硅藻土和高岭土，它们的成分都以 Al_2O_3 及 SiO_2 为主，但 Al_2O_3 与 SiO_2 的比例相差很大，且与产地有关。用各种高岭土及硅藻土配制的浊度标准液的吸光度相差很大，其结果可相差 2～3 倍。

(2) 水样的浊度也可用光度法进行测定，即在波长为 660 nm 处，用10 mm

比色皿测定浊度标准溶液的吸光度，绘制标准曲线。然后在同样条件下测量水样的吸光度，在标准曲线上查得相应的浊度。

(3) 透明度的含义与浊度相反，但二者都反映水中杂质对透过光线的阻碍程度。对浊度的精确度要求不高时，也可测定水样的透明度，通过透明度与浊度换算表查得浊度。

本实验的水质指标应做平行测定。

实验2　水样酸度和碱度的测定

一、实验目的与要求

（1）了解酸度和碱度的基本概念；

（2）掌握酸度和碱度的测定方法。

二、实验原理

水中酸度和碱度是衡量水质的重要指标。

酸度是指水中含有能与强碱发生中和作用的物质的总量，这些物质主要来自水样中存在的强酸、弱酸和强酸弱碱盐等物质。酸度用氢氧化钠标准溶液滴定水样测得，通常把用甲基橙作为指示剂滴定的酸度（pH＝4.3）称为甲基橙酸度或强酸酸度；用酚酞作为指示剂滴定的酸度（pH＝8.3）称为酚酞酸度或总酸度。

碱度是指水中含有能与强酸发生中和作用的物质的总量，这些物质主要来自水样中存在的碳酸盐、碳酸氢盐及氢氧化物等。碱度可用盐酸标准溶液进行滴定，其反应为

$$OH^- + H^+ \longrightarrow H_2O$$

$$CO_3^{2-} + H^+ \longrightarrow HCO_3^-$$

$$HCO_3^- + H^+ \longrightarrow H_2O + CO_2\uparrow$$

用酚酞作为指示剂的滴定结果称为酚酞碱度，表示氢氧化物已被中和，CO_3^{2-} 全部转化为 HCO_3^-。以甲基橙作为指示剂的滴定结果称为甲基橙碱度或总碱度。通过计算可以求出相应的碳酸盐、碳酸氢盐和氢氧根离子的含量，但对废水、污水等，由于其组分复杂，这种计算没有实际意义。

酸度和碱度常用 mg/L 作单位，通常以碳酸钙计。一般 1 mg/L 的酸度或碱度相当于 50 mg/L 的碳酸钙。

三、实验仪器与试剂

（1）无二氧化碳水。用于制备标准溶液及稀释的蒸馏水或去离子水，用前煮沸 15 min，冷却至室温。pH 值应大于 6.0，电导率小于 2 μS/cm。

（2）碳酸钠标准溶液（0.010 0 mol/L）。溶解 1.060 g 预先在 270～300 ℃干燥至恒重的基准无水碳酸钠（Na_2CO_3，优级纯），转入 1 000 mL 容量瓶中，用

无二氧化碳水(煮沸后冷却的水,下同)稀释至标线。

(3) 盐酸标准溶液(约 0.020 0 mol/L)。用水稀释 8.3 mL 浓盐酸至 1 000 mL,得到 0.1 mol/L 储存溶液,取此溶液 200 mL 用无二氧化碳的水稀释至1 000 mL,并用碳酸钠标准溶液标定其精确浓度,以 c_{HCl} 表示。

(4) 氢氧化钠标准溶液(约 0.020 0 mol/L)。用无二氧化碳的水稀释 20.0 mL 1 mol/L 氢氧化钠溶液至 1 000 mL,其精确浓度可用 0.020 0 mol/L 盐酸标准溶液标定,以 c_{NaOH} 表示。

(5) 改良甲基橙溶液(0.1%)。称取甲基橙 1.0 g,用 500 mL 水溶解,另称取 1.8 g 蓝色染料二甲苯赛安路 FF,用 500 mL 乙醇溶解,然后将两种指示剂混合均匀,在一定体积的 0.1 mol/L 氢氧化钠溶液中加 2 滴此指示剂,再用 0.1 mol/L盐酸滴定,检查是否有鲜明的色度。如果终点颜色呈蓝灰色,可滴加 0.1%甲基橙少许;如果终点颜色为灰绿色带有红色,可滴加少许蓝色染料,直至有敏锐的终点(从绿色变为淡灰色)。

(6) 酚酞指示剂(0.5%)。称取 0.5 g 酚酞溶于 50 mL 95%乙醇中,然后用水稀释至 100 mL。

四、实验步骤

1. 酸度的测定

(1) 酚酞酸度

取 100.0 mL 水样于 250 mL 锥形瓶中,加 2 滴酚酞指示剂,以 0.020 0 mol/L氢氧化钠溶液滴定至溶液粉红色不褪,准确读出消耗氢氧化钠溶液的体积(V_1,mL)。

(2) 甲基橙酸度

取 100.0 mL 水样于 250 mL 锥形瓶中,加入 2 滴改良甲基橙,用 0.020 0 mol/L氢氧化钠溶液滴定至溶液呈绿色,准确读出消耗氢氧化钠溶液的体积(V_2,mL)。

2. 碱度的测定

吸取 100.0 mL 水样于 250 mL 锥形瓶中,加入 2 滴酚酞指示剂,以 0.020 0 mol/L盐酸滴定至溶液粉红色刚褪去,准确读出消耗盐酸溶液的体积(V_3,mL),随后加入 2 滴改良甲基橙指示剂,继续用盐酸滴定至溶液由绿色变为灰色,准确读出消耗盐酸的体积(V_4,mL)

五、数据处理

1. 酸度

$$\text{酚酞酸度(以 }CaCO_3\text{ 计)}=\frac{V_1 \times c_{NaOH} \times 50.05 \times 1\,000}{V}\text{(mg/L)}$$

甲基橙酸度(以 $CaCO_3$ 计)$=\frac{V_2\times c_{NaOH}\times 50.05\times 1\,000}{V}$(mg/L)

式中　V_1——酚酞作为指示剂时 NaOH 标准溶液的耗用量,mL;

V_2——甲基橙作为指示剂时 NaOH 标准溶液的耗用量,mL;

c_{NaOH}——NaOH 标准溶液浓度,mol/L;

V——水样体积,mL;

50.05——碳酸钙($\frac{1}{2}CaCO_3$)摩尔质量,g/mol。

2. 碱度

酚酞碱度(以 $CaCO_3$ 计)$=\frac{V_3\times c_{HCl}\times 50.05\times 1\,000}{V}$ (mg/L)

总碱度(以 $CaCO_3$ 计)$=\frac{(V_3+V_4)\times c_{HCl}\times 50.05\times 1\,000}{V}$ (mg/L)

式中　V_3——酚酞作为指示剂时 HCl 标准溶液的耗用量,mL;

V_4——甲基橙作为指示剂时 HCl 标准溶液的耗用量,mL;

c_{NaOH}——HCl 标准溶液浓度,mol/L;

V——水样体积,mL;

50.05——碳酸钙($\frac{1}{2}CaCO_3$)摩尔质量,g/mol。

六、注意事项

(1) 水样(尤其是废水和污染水)的酸度及碱度差别很大,测定时样品和试剂的用量、浓度无法统一规定。表 1-2-1 列出水样在不同酸度和碱度范围时可供选择的样品量和标准溶液的浓度。

表 1-2-1　标准溶液浓度和样品量的选择

样品范围(以 $CaCO_3$ 计)/(mg/L)	滴定标准溶液浓度/(mol/L)	样品量/mL
0～500	0.020 0	100
400～1 000	0.020 0	50
500～1 250	0.050 0	100
1 000～2 500	0.050 0	50
1 000～2 500	0.100 0	100
2 000～5 000	0.100 0	50
4 000～10 000	0.100 0	25

(2) 也可用电位滴定法进行酸度和碱度测定，结果以 pH 值和酸、碱消耗量作图计算得到。此法不受余氯、色度、浊度的干扰，并可消除个人感官误差。

(3) 水样中若有余氯存在，会使甲基橙褪色，可加少量 0.1 mol/L 硫代硫酸钠除去。

(4) 以酚酞作为指示剂进行酸度滴定时，若水样中存在硫酸铝(铁)，可生成氢氧化铝(铁)沉淀物，使终点褪色造成误差，这时可加氟化钾掩蔽或将水样煮沸 2 min，趁热滴定至红色不褪。

(5) 由于用甲基橙指示剂进行碱度滴定时终点不够明显，故本实验采用改良甲基橙(pH＝3.8)代替甲基橙。

(6) 本实验的两项水质指标应做平行测定。

实验3 总硬度——EDTA滴定法

一、实验目的与要求

(1) 了解测定水总硬度的意义及测定方法的原理；

(2) 掌握测定水总硬度的方法。

二、实验原理

硬水一般是指在洗涤时肥皂不易起泡沫，在加热时易生成水垢的水。造成这种现象是由于水中含有一些容易生成难溶盐类的金属阳离子，如 Ca^{2+}、Mg^{2+}、Fe^{2+}、Mn^{2+}、Sr^{2+}、Fe^{3+}、Al^{3+} 等，其中最主要的是 Ca^{2+} 和 Mg^{2+}，其他离子较少，因此，一般常以水中 Ca^{2+}、Mg^{2+} 的含量计算硬度，将其作为该项水质指标。硬度在不同国家有不同的定义，常用的有总硬度、碳酸盐硬度和非碳酸盐硬度等。总硬度是钙和镁的总浓度，碳酸盐硬度是总硬度的一部分，相当于与水中钙、镁形成的碳酸盐及重碳酸盐产生的硬度。非碳酸盐硬度是总硬度的另一部分，当水中钙镁含量超出与其结合的碳酸根和重碳酸根的含量时，多余的钙和镁就与水中的氯离子、硫酸根和硝酸根结合形成非碳酸盐硬度。

碳酸盐硬度又称"暂硬度"，因为它们在煮沸时即分解，生成白色沉淀物。反应式如下：

$$Ca(HCO_3)_2 \xrightarrow{\triangle} CaCO_3\downarrow + CO_2\uparrow + H_2O$$

$$Mg(HCO_3)_2 \xrightarrow{\triangle} MgCO_3\downarrow + CO_2\uparrow + H_2O$$

非碳酸盐硬度又称"永硬度"，因为水在普通气压下沸腾，体积不变时，它们不生成沉淀。

在 pH＝10 的条件下，用 EDTA 溶液络合滴定钙离子和镁离子，作为指示剂的铬黑 T 与钙离子和镁离子形成紫红或紫色溶液。在滴定中，游离的钙离子与镁离子首先与 EDTA 反应，到达终点时溶液的颜色由紫色变为亮蓝色。

例如，样品中含铁离子大于 30 mg/L，可在滴定前加入 250 mg 氰化钠或数毫升三乙醇胺掩蔽，氰化物可使锌、铜、钴等离子的干扰减至最小，三乙醇胺能减少铝离子的干扰。注意加氰化钠前必须保证溶液呈碱性。当样品含正磷酸盐超出 1 mg/L 时，在滴定的 pH 条件下可使钙离子生成沉淀。如滴定速度太慢或钙离子含量超出 100 mg/L，会析出碳酸钙沉淀。如上述干扰未能消除或存在铝、铅、锰等离子的干扰，需改用原子吸收法测定。

本法适用于测定地下和地面淡水，不适用于含盐高的水，如海水。

三、实验仪器与试剂

(1) 50 mL 滴定管。

(2) 缓冲溶液(pH=10)。

① 称取 1.25 g 乙二胺四乙酸二钠镁(EDTA 二钠镁)和 16.9 g 氯化铵溶于 143 mL 浓氨水中，用水稀释至 250 mL。配好的溶液应按下列②所述方法进行检验和调整。

② 如果无乙二胺四乙酸二钠镁，可先将 16.9 g 氯化铵溶于 143 mL 氨水。另取 0.78 g 硫酸镁($MgSO_4 \cdot 7H_2O$)和 1.179 g 二水合乙二胺四乙酸二钠(EDTA 二钠二水合物)溶于 50 mL 水，加入 2 mL 配好的氯化铵的氨水溶液和约 0.2 g 铬黑 T 指示剂干粉。此时溶液应显紫红色，如出现天蓝色，应再加入极少量硫酸镁使其变为紫红色。逐滴加入乙二胺四乙酸二钠(EDTA 二钠)溶液直至溶液由紫红色转变为天蓝色(切勿过量)。将两种溶液合并，加水定容至 250 mL，如果合并后，溶液又转为紫色，在计算结果时应做空白校正。

(3) 铬黑 T 指示液。将 0.5 g 铬黑 T 溶于 100 mL 三乙醇胺(最多可用 25 mL乙醇代替三乙醇胺以减少溶液的黏性)，盛放在棕色瓶中(或配成铬黑 T 指示剂干粉：称取 0.5 g 铬黑 T 与 100 g 氯化钠，将其充分研细、混匀，盛放在棕色瓶中，塞紧)。

(4) 其他试剂。

① 2 mol/L 氢氧化钠溶液。将 8 g 氢氧化钠溶于 100 mL 新煮沸冷却后的水中，置于聚乙烯瓶内。

② 10 mmol/L EDTA 二钠标准滴定溶液。

制备：将 3.725 g EDTA 二钠溶于水，在容量瓶中稀释至1 000 mL，存放在聚乙烯瓶中。

标定：按照测定步骤的操作方法，用 20.0 mL 钙标准溶液稀释至 50 mL 标定 EDTA 二钠溶液。

浓度计算：EDTA 二钠溶液的浓度(c_1)以 mmol/L 表示，用下式计算：

$$c_1=\frac{c_2\times V_2}{V_1}$$

式中 c_2——钙标准溶液的浓度，mol/L；

V_2——钙标准溶液的体积，mL；

V_1——消耗的 EDTA 二钠溶液体积，mL。

③ 10 mmol/L 钙标准溶液。预先将碳酸钙在150 ℃干燥2 h。称取1.001 g已干燥的碳酸钙置于500 mL锥形瓶中，用水润湿。逐滴加入4 mol/L盐酸至碳酸钙完全溶解，加200 mL水，煮沸数分钟以驱除二氧化碳，冷却至室温，加入数滴甲基红指示液(0.1 g溶于100 mL 60%乙醇中)。逐滴加入3 mol/L氨水直至变为橙色，移入容量瓶中定容至1 000 mL。此溶液1.00 mL含0.400 8 mg (0.01 mmol)钙。

④ 氰化钠(注意：氰化钠是剧毒品！)。

⑤ 三乙醇胺。

四、实验步骤

1. 采样

水样采集后应于24 h内完成测定，否则每升水样中应加2 mL浓硝酸作为保存剂(使pH值降至2以下)。

2. 样品测定

取50.0 mL水样置于250 mL锥形瓶中，加4 mL缓冲溶液和3滴铬黑T指示剂(或加50～100 mg指示剂干粉，此时溶液应呈紫红色或紫色，其pH值应为10.0±0.1)。立即用EDTA二钠标准滴定溶液滴定，开始滴定时速度稍快，接近终点时宜稍慢，并充分振摇，滴定至紫色消失刚出现天蓝色即为终点，整个滴定过程应在5 min内完成。记录消耗EDTA二钠标准滴定溶液的体积(mL)。

五、数据处理

$$\text{总硬度}=\frac{c_1\times V_1}{V_0}\ (\text{mmol/L})$$

式中　c_1——EDTA二钠标准滴定溶液浓度，mmol/L；

V_1——消耗EDTA二钠标准滴定溶液的体积，mL；

V_0——水样体积，mL。

注意：1 mmol/L相当于100.1 mg/L以$CaCO_3$表示的硬度。

六、注意事项

(1) 缓冲溶液(pH=10)在夏天长期存放或经常打开瓶塞，将引起氨水浓度降低，使pH值下降。加入镁盐可使含镁离子量较低的水样在滴定时终点更敏锐。

(2) 为防止碳酸钙及氢氧化镁在碱性溶液中沉淀，滴定时所取的50 mL水样中钙离子和镁离子总量不可超出3.6 mol/L。加入缓冲溶液后，必须立即滴定，并在 5 min 内完成。在到达终点之前，每加一滴 EDTA 二钠标准滴定溶液，都应充分振摇，最好每滴间隔 2～3 s。

(3) 应在白天或日光灯下滴定，白炽灯光使终点呈紫色，不宜使用。

实验4　水中铬的测定

一、实验目的与要求

(1) 掌握用分光光度法测定六价铬和总铬的原理和方法,熟练使用分光光度计;

(2) 预习测定铬的各种方法,比较其优缺点。

二、实验原理

水中铬的测定方法有分光光度法、原子吸收光谱法、ICP-AES法(电感耦合等离子体发射光谱法)和滴定法。本实验采用分光光度法。其原理如下:在酸性溶液中,六价铬(Cr^{6+})与二苯碳酰肼反应,生成紫红色络合物,其最大吸收波长为540 nm,吸光度与浓度的关系符合比尔定律。如果测定总铬,须先用高锰酸钾将水样中的三价铬(Cr^{3+})氧化为六价铬,再用本法测定。

三、实验仪器与试剂

(一) 仪器

(1) 分光光度计。

(2) 比色皿:1 cm、3 cm。

(3) 具塞比色管:50 mL。

(4) 移液管。

(5) 容量瓶。

(二) 试剂

除另有说明外,所用试剂均为分析纯试剂。

(1) 丙酮。

(2) 硫酸:1+1。

(3) 磷酸:1+1。

(4) 氢氧化锌共沉淀剂:称取七水合硫酸锌($ZnSO_4 \cdot 7H_2O$)8 g,溶于100 mL水中;称取氢氧化钠2.4 g,溶于新煮沸冷却的120 mL水中。将以上两溶液混合。

(5) 高锰酸钾溶液:40 g/L。

(6) 铬标准贮备液:称取于110 ℃干燥2 h的重铬酸钾(优级纯)0.282 9 g,

用水溶解，移入 1 000 mL 容量瓶中，用水稀释至标线，摇匀。每毫升铬标准贮备液含 0.100 mg 铬。

(7) 铬标准使用液：吸取 5.00 mL 铬标准贮备液于 500 mL 容量瓶中，用水稀释至标线，摇匀。每毫升铬标准使用液含 1.00 μg 铬。使用当天配制。

(8) 尿素溶液：200 g/L。

(9) 亚硝酸钠溶液：20 g/L。

(10) 显色剂(二苯碳酰二肼)溶液：称取二苯碳酰二肼(简称 DPC，$C_{13}H_{14}N_4O$) 0.2 g，溶于 50 mL 丙酮中，加水稀释至 100 mL，摇匀，贮于棕色瓶内，置于冰箱中保存。溶液颜色变深后不能再用。

(11) 浓硝酸、浓硫酸、三氯甲烷。

(12) 氨水溶液：1+1。

(13) 50 g/L 铜铁试剂：称取铜铁试剂 5 g，溶于冰水中并稀释至 100 mL。临用时现配。

四、测定步骤

(一) 水样的预处理

1. 测定六价铬水样的预处理方法

(1) 对不含悬浮物、低色度的清洁地表水，可直接进行测定。

(2) 如果水样有色但不深，可进行色度校正。即另取一份水样，加入除显色剂以外的各种试剂，以 2 mL 丙酮代替显色剂，用此溶液作为测定样品溶液吸光度的参比溶液。

(3) 对浑浊、色度较深的水样，应加入氢氧化锌共沉淀剂并进行过滤处理。

(4) 水样中存在次氯酸盐等氧化性物质时，干扰测定，可加入尿素和亚硝酸钠消除。

(5) 水样中存在低价铁、亚硫酸盐、硫化物等还原性物质时，可将 Cr^{6+} 还原为 Cr^{3+}，此时，调节水样 pH 值至 8，加入显色剂溶液，放置 5 min 后再酸化显色，作标准曲线。

2. 测定总铬水样的预处理方法

(1) 一般清洁地表水可直接用高锰酸钾氧化后测定。

(2) 对含大量有机物的水样，需进行消解处理。即取 50 mL 或适量(铬离子含量少于 50 μg)水样，置于 100 mL 烧杯中，加入 5 mL 硝酸和 3 mL 硫酸，加热蒸发至冒白烟。如溶液仍有色，再加入 5 mL 硝酸。重复上述操作，至溶液清澈，冷却，用水稀释至约 10 mL，用氨水溶液中和至 pH 值为 1～2，移入 50 mL 容量瓶中，用水稀释至标线，摇匀，供测定。

(3) 如果水样中铝、钒、铁、铜离子等含量较大，先用铜铁试剂和三氯甲烷萃取除去，然后再进行消解处理。

(4) 高锰酸钾氧化 Cr^{3+}：取 50.0 mL 或适量（铬离子含量少于 50 μg）清洁水样或经预处理的水样（如不足 50.0 mL，用水补充至 50.0 mL）于 150 mL 锥形瓶中，用氨水溶液和硫酸溶液调至中性，加入几粒玻璃珠，加入（1＋1）硫酸和（1＋1）磷酸各 0.5 mL，摇匀。加入 40 g/L 高锰酸钾溶液 2 滴，如紫色消退，则继续滴加高锰酸钾溶液至紫色保持。加热煮沸至溶液剩约 20 mL。冷却后，加入 1 mL 200 g/L 的尿素溶液，摇匀。用滴管加 20 g/L 亚硝酸钠溶液，每加一滴充分摇匀，至紫色刚好消失。稍停片刻，待溶液内气泡逸尽，转移至 50 mL 具塞比色管中，稀释至标线，供测定。

（二）标准曲线的绘制

取 9 支 50 mL 具塞比色管，依次加入 0、0.20 mL、0.50 mL、1.00 mL、2.00 mL、4.00 mL、6.00 mL、8.00 mL 和 10.00 mL 铬标准使用液，用水稀释至标线，加入（1＋1）硫酸 0.5 mL 和（1＋1）磷酸 0.5 mL，摇匀。加入 2 mL 显色剂溶液，摇匀。5～10 min 后，于 540 nm 波长处，用 1 cm 或 3 cm 比色皿，以水为参比，测定吸光度并作空白校正。以吸光度为纵坐标，相应 Cr^{6+} 质量为横坐标，绘出标准曲线。

（三）水样的测定

取适量（铬离子含量少于 50 μg）无色透明或经预处理的水样于 50 mL 具塞比色管中，用水稀释至标线，以下步骤同标准溶液测定。进行空白校正后根据所测吸光度从标准曲线上查得 Cr^{6+} 质量。

（四）计算

$$c(Cr^{6+})=\frac{m}{V}\ (mg/L)$$

式中 m——从标准曲线上查得 Cr^{6+} 的质量，μg；

V——水样的体积，mL。

（五）注意事项

(1) 用于测定铬的玻璃器皿不应用重铬酸钾洗液洗涤。

(2) Cr^{6+} 与显色剂的显色反应一般控制酸度在 0.05～0.3 mol/L（$1/2H_2SO_4$）范围，以 0.2 mol/L 时显色最好。显色前，水样应调至中性。显色温度和时间对显色有影响，在 15 ℃时，5～15 min 颜色即可稳定。

(3) 如测定清洁地表水样，显色剂可按以下方法配制：溶解 0.2 g 二苯碳酰二肼于 100 mL 体积分数 95% 的乙醇中，边搅拌边加入(1+9)硫酸 400 mL。该溶液在冰箱中可存放一个月。显色时直接加入此显色剂 2.5 mL即可，不必再加酸。但加入显色剂后，要立即摇匀，以免六价铬可能被乙酸还原。

实验 5　化学需氧量的测定

（重铬酸钾法）

一、实验目的与要求

熟练掌握化学需氧量(COD)测定方法及其原理。

二、实验原理

重铬酸钾法测定 COD 的原理是:在强酸性溶液中,用一定量的重铬酸钾氧化水样中的还原性物质,过量的重铬酸钾以试亚铁灵做指示剂,用硫酸亚铁铵溶液回滴。根据硫酸亚铁铵的用量算出水样中还原性物质消耗氧的量。

测定结果因加入氧化剂的种类及浓度、反应溶液的酸度、反应温度和时间,以及催化剂的有无而不同,因此,化学需氧量亦是一个条件性指标,其测定必须严格按步骤进行。

酸性重铬酸钾氧化剂氧化性很强,可氧化大部分有机物。加入硫酸银做催化剂时,直链脂肪族化合物可完全被氧化,而芳香族有机物却不易被氧化,吡啶不被氧化。挥发性直链脂肪族化合物、苯等有机物存在于蒸气相,不能与氧化剂液体接触,氧化不明显。氯离子能被重铬酸钾氧化,并且能与硫酸银作用产生沉淀,影响测定结果,故在回流前向水样中加入硫酸汞,使之成为络合物以消除干扰。氯离子含量高于 1 000 mg/L 的样品应作定量稀释,使含量降低至 1 000 mg/L 以下,再行测定。

用 0.25 mol/L 的重铬酸钾溶液可测定 COD 大于 50 mg/L 的样品。用 0.025 mol/L 的重铬酸钾溶液可测定 COD 为 5～50 mg/L 的样品,但准确度较差。

三、实验仪器与试剂

(一) 仪器

(1) 回流装置:带 250 mL 磨口锥形瓶的回流装置(如取样量在 30 mL 以上,采用 500 mL 的全玻璃回流装置)。

(2) 加热装置:电热板或变阻电炉。

(3) 酸式滴定管:50 mL。

(二) 试剂

除另有说明外,所用试剂均为分析纯试剂。

(1) 重铬酸钾标准溶液[$c(1/6K_2Cr_2O_7)$=0.250 0 mo/L]:称取预先在120 ℃烘干2 h的基准或优级纯重铬酸钾12.258 g溶于水中,移入1 000 mL容量瓶,稀释至标线,摇匀。

(2) 试亚铁灵指示剂:称取1.485 g一水合邻菲咯啉($C_{12}H_8N_2 \cdot H_2O$),0.695 g七水合硫酸亚铁($FeSO_4 \cdot 7H_2O$)溶于水中,稀释至100 mL,贮于棕色瓶内。

(3) 硫酸亚铁铵标准溶液{$c[(NH_4)_2Fe(SO_4)_2]$=0.1 mol/L}:称取39.5 g六水合硫酸亚铁铵溶于水中,边搅拌边缓慢加入20 mL浓硫酸,冷却后移入1 000 mL容量瓶中,加水稀释至标线,摇匀。临用前,用重铬酸钾标准溶液标定。

标定方法:准确吸取10.00 mL重铬酸钾标准溶液于500 mL锥形瓶中,加水稀释至110 mL左右,缓慢加入30 mL浓硫酸,混匀。冷却后,加入3滴试亚铁灵指示剂(约0.15 mL),用硫酸亚铁铵标准溶液滴定,溶液的颜色由黄色经蓝绿色至红褐色即为终点。

$$c[(NH_4)_2Fe(SO_4)_2]=\frac{0.2500\times10.00}{V}$$

式中 $c[(NH_4)_2Fe(SO_4)_2]$——硫酸亚铁做标准溶液的浓度,mol/L;

V——硫酸亚铁铵标准溶液的用量,mL;

0.250 0——重铬酸钾标准溶液浓度,mol/L;

10.00——重铬酸钾标准溶液体积,mL。

(4) 硫酸-硫酸银溶液:于2 500 mL浓硫酸中加入25 g硫酸银,放置1~2 d,不时摇动使其溶解(如无2 500 mL容器,可在500 mL浓硫酸中加入5 g硫酸银)。

(5) 硫酸汞:结晶或粉末。

四、实验步骤

(1) 取20.00 mL混合均匀的水样(或适量水样稀释至20.00 mL)于250 mL磨口锥形瓶中,准确加入10.00 mL重铬酸钾标准溶液及数粒小玻璃珠或沸石,连接磨口回流冷凝管,从冷凝管上口慢慢加入30 mL硫酸-硫酸银溶液,轻轻摇动磨口锥形瓶使溶液混匀,加热回流2 h(自开始沸腾时计时)。

(2) 冷却后,用90 mL水冲洗冷凝管壁,取下磨口锥形瓶。溶液总体积不得少于140 mL,否则因酸度太大,滴定终点不明显。

(3) 溶液再度冷却后,加3滴试亚铁灵指示剂,用硫酸亚铁铵标准溶液滴定,溶液的颜色由黄色经蓝绿至红褐色即为终点,记录硫酸亚铁铵标准溶液的用量。

(4) 测定水样的同时，以 20.00 mL 重蒸馏水，按同样操作步骤做空白试验。记录滴定空白溶液时硫酸亚铁铵标准溶液的用量。

五、实验结果与数据处理

根据测定空白溶液和样品溶液消耗的硫酸亚铁铵标准溶液体积和水样体积，按下式计算水样 COD：

$$\mathrm{COD}=\frac{(V_0-V_1)\times c\times 8\times 1\,000}{V}\ (\mathrm{mg/L})$$

式中　c——硫酸亚铁铵标准溶液的浓度，mol/L；

V_0——滴定空白时硫酸亚铁铵标准溶液的体积，mL；

V_1——滴定水样时硫酸亚铁铵标准溶液的体积，mL；

V——水样的体积，mL；

8——氧($1/4O_2$)的摩尔质量，g/mol。

六、注意事项

(1) 使用 0.4 g 硫酸汞络合氯离子的最高量可达 40 mg。若氯离子浓度较低，亦可少加硫酸汞，使保持 m(硫酸汞)∶m(氯离子)＝10∶1。若出现少量氯化汞沉淀，并不影响测定。

(2) 取水样体积可为 10.00～50.00 mL，但试剂用量及浓度需按表 1-5-1 进行相应调整，也可得到满意的结果。

表 1-5-1　试剂用量及浓度选择

取水样体积/mL	0.250 0 mol/L $1/6K_2Cr_2O_7$ 标准溶液体积/mL	H_2SO_4-Ag_2SO_4 标准溶液体积/mL	$HgSO_4$ 质量/g	$(NH_4)_2Fe(SO_4)_2$ 标准溶液浓度/(mol/L)	滴定前总体积/mL
10.00	5.00	15	0.2	0.050 0	70
20.00	10.00	30	0.4	0.100 0	140
30.00	15.00	45	0.6	0.150 0	210
40.00	20.00	60	0.8	0.200 0	280
50.00	25.00	75	1.0	0.250 0	350

(3) 对于化学需氧量小于 50 mg/L 的水样，应改用 0.025 0 mol/L 重铬酸钾标准溶液，回滴时用 0.01 mol/L 硫酸亚铁铵标准溶液。

(4) 水样加热回流后，溶液中重铬酸钾剩余量应为加入量的 1/5～4/5

为宜。

(5) 用邻苯二甲酸氢钾标准溶液时，由于每克邻苯二甲酸氢钾的理论COD为1.176 g，所以溶解0.425 g邻苯二甲酸氢钾于重蒸馏水中，转入1 000 mL容量瓶，用重蒸馏水稀释至标线，使之成为500 mg/L的COD标准溶液。用时新配。

(6) COD的测定结果应保留三位有效数字。

(7) 每次实验时应对硫酸亚铁铵标准溶液进行标定，室温较高时尤其应注意其浓度的变化。

实验6　水中溶解氧的测定

（碘量法）

一、实验目的与要求

（1）了解溶解氧的概念；

（2）掌握溶解氧的测定方法。

二、实验原理

水样中加入硫酸锰和碱性碘化钾，水中溶解氧将低价锰氧化成高价锰，生成四价锰的氢氧化物棕色沉淀，加酸后，氢氧化物沉淀溶解并与碘离子反应释放出游离碘。以淀粉做指示剂，用硫代硫酸钠滴定释放出的碘，可计算溶解氧的含量。

$MnSO_4 + 2NaOH \longrightarrow Mn(OH)_2\downarrow$（白色）$+ Na_2SO_4$

$2Mn(OH)_2 + O_2 \longrightarrow 2MnO(OH)_2\downarrow$（棕色沉淀）$\longrightarrow 2H_2MnO_3\downarrow$（棕色）

$MnO(OH)_2 + 2H_2SO_4 \longrightarrow Mn(SO_4)_2 + 3H_2O$

$Mn(SO_4)_2 + 2KI \longrightarrow MnSO_4 + K_2SO_4 + I_2$

$I_2 + 2Na_2S_2O_3 \longrightarrow 2NaI + Na_2S_4O_6$

测定水中溶解氧常采用的方法有：碘量法及其修正法、膜电极法和现场快速溶解氧仪法。清洁水可直接采用碘量法测定，受污染的地表水和工业水，必须采用修正的碘量法或膜电极法测定。本实验采用碘量法测定。

三、实验仪器与试剂

1. 仪器

（1）250～500 mL 溶解氧瓶或 250 mL 具塞碘量瓶。

（2）250 mL 三角瓶。

2. 试剂

（1）硫酸锰溶液：称取 4.8 g 硫酸锰（$MnSO_4 \cdot 4H_2O$）或 3.64 g $MnSO_4 \cdot H_2O$ 置于烧杯中，使之溶于水，用水稀释至 10 mL。将此溶液加至酸化过的碘化钾溶液中，遇淀粉不得产生蓝色。

（2）碱性碘化钾溶液：称 500 g 氢氧化钠溶解于 300～400 mL 水中，另称取 150 g 碘化钾（或 135 g 碘化钠）溶于 200 mL 水中，待氢氧化钠溶液冷却后，将两溶液合并，混匀，用水稀释至 1 000 mL。如有沉淀，则放置过夜后，倒出上清液，贮于黑色塑料瓶中，盖紧瓶盖，避光保存。此溶液酸化后，遇淀粉不应呈蓝色。

(3) (1+5)硫酸溶液(约 3 mol/L)：将 1 份浓硫酸在搅拌下缓慢加入 5 份去离子水中。

(4) 1%淀粉溶液：称取 0.2 g 可溶性淀粉，用少量水调成糊状，慢慢倒入 20 mL 沸水中，继续煮沸至溶液澄清，冷却后贮于试剂瓶中。临用时配。

(5) 重铬酸钾标准溶液 $c(1/6\ K_2Cr_2O_7)$ 0.025 mol/L：称取于 105～110 ℃烘干 2 h 并冷却的优级纯重铬酸钾 1.225 8 g，溶于水。移入 1 000 mL 容量瓶中用水稀释至标线，摇匀。

(6) 硫代硫酸钠溶液：称取 0.88 g 硫代硫酸钠($Na_2S_2O_3 \cdot 5H_2O$)溶于新煮沸并放冷的水中，加入 0.1 g 无水碳酸钠，用水稀释至 250 mL，贮于棕色瓶中，使用前用 0.025 mol/L 重铬酸钾标准溶液标定。标定方法如下：

于 250 mL 碘量瓶中，加入 100 mL 水和 1 g 碘化钾，加入 0.025 mol/L 重铬酸钾标准溶液 10.00 mL，加入(1+5)硫酸溶液 5 mL，密塞、摇匀，于暗处静置 5 min 后，用硫代硫酸钠溶液滴定至溶液呈淡黄色，加入 1%淀粉溶液 1 mL 继续滴定至蓝色刚好褪去为止，记录用量。计算：

$$c=\frac{10.00\times 0.025\ 0}{V}$$

式中 c——硫代硫酸钠溶液的浓度，mol/L；

V——滴定时消耗硫代硫酸钠溶液的体积，mL。

四、实验步骤

1. 水样的采集与保存

用碘量法测定水中溶解氧，常将水样采集到溶解氧瓶(或碘量瓶)中，采集水样时要注意不使水样曝气或有气泡残存在采样瓶中。可用水样冲洗溶解氧瓶后，沿瓶壁直接倾注水样或用虹吸法将细管插入溶解氧瓶底部，注入水样至溢流出瓶。

注：水样采集后，如不能够立即测定，为防止溶解氧的变化，应立即加固定剂于样品中，并存于冷暗处，同时记录水温和大气压力。

2. 测定

(1) 用吸量管插入注满水样的溶解氧瓶的液面下，加入 1 mL 硫酸锰溶液、2 mL 碱性碘化钾溶液。盖好瓶塞，颠倒混合数次，静置。待棕色沉淀物降至瓶身一半位置时，再颠倒混合一次，待沉淀物下降到瓶底。

(2) 轻轻打开瓶塞,立即用吸量管插入液面下加入 2.0 mL 浓硫酸,小心盖好瓶塞,混合摇匀至沉淀物全部溶解为止,放置于暗处 5 min。

(3) 移取 1 000 mL 上述经(1)、(2)处理过的溶液于 250 mL 锥形瓶中,用已标定的硫代硫酸钠标准溶液滴定至溶液呈淡黄色,加入 1%淀粉溶液 1 mL,继续滴定至蓝色刚好褪去为止,记录硫代硫酸钠溶液用量。

五、计算

$$溶解氧(O_2)=\frac{c\times V\times 8\times 1\ 000}{100}\ (mg/L)$$

式中　c——硫代硫酸钠溶液浓度,mol/L;

V——测定时消耗硫代硫酸钠的体积,mL。

六、注意事项

(1) 如果水样中含有氧化性物质(如游离氯大于 0.1 mg/L)时,应预先于水样中加入硫代硫酸钠去除。即用两个溶解氧瓶各取一瓶水样,在其中一瓶加入 5 mL(1+5)硫酸溶液和 1 g 碘化钾,摇匀,此时游离出碘。以淀粉溶液做指示剂,用硫代硫酸钠溶液滴定至蓝色刚褪,记下用量(相当于去游离氯的量)。于另一瓶水样中,加入同样量的硫代硫酸钠溶液,摇匀后,按操作步骤测定。

(2) 如果水样呈强酸性或强碱性,可用氢氧化钠或硫酸溶液调至中性后测定。

(3) 在溶解棕色沉淀时,酸度要足够,否则碘的析出不彻底,影响测定结果。

(4) 硫代硫酸钠溶液不稳定,容易分解。水中的二氧化碳、细菌和光照都能使其分解,水中的氧也能将其氧化。故配制硫代硫酸钠溶液时,最好采用新煮沸并冷却的蒸馏水,以除去水中的二氧化碳和氧气并杀死细菌;加入少量碳酸钠使溶液呈弱碱性以抑制硫代硫酸钠的分解和细菌的生长;贮存于棕色瓶中以避免光照。

实验 7 生化需氧量(BOD_5)的测定

（稀释接种法）

一、实验目的与要求

（1）了解 BOD_5 的概念；

（2）掌握 BOD_5 的测定方法。

二、实验原理

生化需氧量是指在规定条件下，微生物分解存在水中的一些可氧化物质特别是有机物，所进行的生物化学过程中消耗溶解氧的量。此生物氧化全过程进行的时间很长，如在 20 ℃培养时，完成此过程需 100 多天。目前国内外普遍规定 20 ℃±1 ℃培养 5 天，分别测定样品培养前后的溶解氧。稀释的程度应使培养中所消耗的溶解氧大于 2 mg/L，而剩余溶解氧在 1 mg/L 以上。

为了保证水样稀释后有足够的溶解氧，稀释水通常要通入空气进行曝气（或通入氧气，使稀释水中溶解氧接近饱和）。稀释水中还应加入一定量的无机营养盐和缓冲物质（磷酸盐、钙、镁和铁盐等），以保证微生物生长的需要。

对于不含或少含微生物的工业废水，其中包括酸性废水、碱性废水、高温废水或经过氯化处理的废水，在测定 BOD_5 时应进行接种，以引入能分解废水中有机物的微生物，当废水中存在难以被一般生活污水中的微生物以正常速度降解的有机物或含有剧毒物质时应将驯化后的微生物引入水样中进行接种。

此法可用于 BOD_5 大于或等于 2 mg/L，最大不超过 600 mg/L 的水样，当水样 BOD_5 大于 6 000 mg/L 时，会因稀释带来一定的误差。

三、实验仪器与试剂

1. 仪器

（1）恒温培养箱，型号：SP-01。

（2）5～20 L 细口玻璃瓶。

（3）1 000～2 000 mL 量筒。

（4）玻璃搅拌棒：棒的长度应比所用量筒高度长 200 mm，在棒的底端固定一个直径比量筒小并带有若干个小孔的湿橡胶板。

(5) 虹吸管：供分取水样和添加稀释水样。

(6) 抽气泵：用于稀释水的曝气。

(7) 碘量瓶(或溶氧瓶)：250 mL。

2. 试剂

(1) 磷酸盐缓冲溶液：称取 8.5 g 磷酸二氢钾(KH_2PO_4)、21.8 g 磷酸氢二钾(K_2HPO_4)、33.4 g 七水合磷酸氢二钠($Na_2HPO_4 \cdot 7H_2O$)和 1.7 g 氯化铵(NH_4Cl)溶于水中，稀释至 1 000 mL，此溶液的 pH 值应为 7.2。

(2) 氯化钙溶液：称取 27.6 g 无水氯化钙，溶于水中，稀释至 1 000 mL。

(3) 七水合硫酸镁溶液：称取 22.5 g 七水合硫酸镁，溶于水中，稀释至 1 000 mL。

(4) 六水合氯化铁溶液：称取 0.25 g 六水合氯化铁，溶于水中，稀释至 1 000 mL。

(5) 葡萄糖-谷氨酸溶液：分别称取 150 mg 葡萄糖和谷氨酸(均于 130 ℃烘干 1 h)溶于水中，稀释至 1 000 mL。

(6) 盐酸溶液(1.0 mol/L)。

(7) 氢氧化钠溶液(1.0 mol/L)：将 4 g 氯氧化钠溶于水，稀释至 100 mL。

(8) 稀释水：在 20 L 玻璃瓶内加入 18 L 水，用抽气泵或无油压缩机通入清洁空气 2～8 h，使水中溶解氧饱和或接近饱和(20 ℃时溶解氧质量浓度大于 8 mg/L)。使用前，每升水中加入氯化钙溶液、一氯化铁溶液、硫酸镁溶液和磷酸盐溶液各 1 mL。混匀，稀释水 pH 值应为 7.2，BOD_5 值应小于 0.2 mg。

(9) 接种稀释水：取适量生活污水于 20 ℃放置 24～36 h，上层清液即为接种液，每升稀释水中加入 1～3 mL 接种液即为接种稀释水，对某些特殊工业废水最好加入专门驯化过的菌种。接种稀释水配制后应立即使用。

(10) 其他需用溶液：与碘量法测定溶解氧实验相同的硫酸锰溶液、碱性碘化钾溶液、(1+5)硫酸溶液、1%淀粉溶液、硫代硫酸钠溶液，测定过程详见实验 6“水中溶解氧的测定”。

四、实验步骤

1. 水样的采集、储存和预处理

(1) 集水样于适当大小的玻璃瓶中(根据水质情况而定)，用玻璃塞塞紧，且不留气泡，采样后，需在 2 h 内测定；否则，应在 4 ℃或 4 ℃以下保存，且应在采集后 24 h 内测定。

(2) 水样的 pH 值若超出 6～8 范围，可用 1.0 mol/L 盐酸或氢氧化钠稀溶液调节 pH 值接近 7，但用量不要超过水样体积的 0.5%。若水样的酸度或碱度很高，可改用高浓度的酸或碱液中和。

(3) 水样中含有铜、锌、镉、铬、砷、氰等有毒物质时，可使用经驯化的微生物接种液的稀释水进行稀释，或提高稀释倍数以减少毒物的浓度。

(4) 含有少量游离氧的水样，一般放置 1～2 h，游离氯即可消失。对于游离氯在短时间内不能消散的水样，可加入亚硫酸钠除去，其加入量由下述方法决定：

取已中和好的水样 100 mL，加入(1＋1)乙酸 10 mL、10% 碘化钾溶液 1 mL，混合均匀，以淀粉溶液为指示剂，用亚硫酸钠溶液滴定游离碘。由亚硫酸钠溶液消耗的体积，计算出水样中应加亚硫酸钠溶液的量。

(5) 从水温较低的水域或富营养化的湖泊中采集的水样，可能含有过饱和溶解氧，此时应将水样迅速升温至 20 ℃左右，在不使满瓶的情况下，充分振摇，并时时开塞放气，以赶出过饱和溶解氧。

对于从水温较高的水域或废水排放口采集的水样，则应将水样迅速冷却至 20 ℃左右，充分振摇，使水样中溶解氧含量与空气中氧分压接近平衡。

2. 不经稀释的水样的测定

(1) 对溶解氧含量较高、有机物含量较少的地表水，可不经稀释而直接以虹吸法将约 20 ℃的混合均匀水样转入两个碘量瓶内，转移过程中应注意不使瓶内产生气泡。以同样的操作使两个碘量瓶充满水样后溢出少许，加塞。瓶内不应留有气泡。

(2) 其中一瓶随即测定溶解氧，另一瓶的瓶口进行水封后，放入培养箱中，在 20 ℃±1 ℃下培养 5 天，在培养过程中注意添加封口水。

(3) 从开始放入培养箱算起，经过 5 天后，测定剩余的溶解氧。

3. 稀释水样的测定

(1) 确定稀释倍数

根据实验经验，提出下述计算方法，供稀释时参考。

地表水：由测得的高锰酸盐指数与一定的系数的乘积，即求得稀释倍数，见表 1-7-1。

表 1-7-1 稀释倍数的计算

高锰酸盐指数/(mg/L)	系数	高锰酸盐指数/(mg/L)	系数
<5	—	10～20	0.4、0.6
5～10	0.2、0.3	>20	0.5、0.7、1.0

工业废水：由重铬酸钾法测得的 COD 值来确定，通常需做三个稀释比。使用稀释水时，由 COD 值分别乘以系数 0.075、0.15、0.225，即获得三个稀释倍数，使用接种稀释水时，则分别乘以 0.075、0.15、0.25 三个系数。

注：COD_{Cr} 值可在测定 COD 过程中，加热回流至 60 min 时，由用于校准实验的邻苯二甲酸氢钾溶液按 COD 测定相同操作步骤制备的标准色列进行估算。

(2) 水样的稀释

根据确定的稀释倍数，用虹吸法沿量筒壁慢慢加入部分稀释水(或接种稀释水)于 1 000 mL 量筒中，然后加入需要量的均匀水样，再加入稀释水(或接种稀释水)至 800 mL。用特制搅拌棒在水面以下小心上下移动，使水样均匀(不应产生气泡)，移动时勿使搅拌棒的胶板露出水面，防止产生气泡。

(3) 水样的测定

将上述已经稀释过的水样，按照不经稀释的水样测定。分别测定当天的溶解氧及放入培养箱中，在 20 ℃±1 ℃下培养 5 天后的溶解氧。

4. 空白实验

另取两个预先编好编号的碘量瓶用虹吸法加入稀释水(或接种稀释水)做空白实验，测定当天及 5 天后的溶解氧。

5. BOD_5 的测定

在 BOD_5 测定中，一般采用叠氮化钠改良法测定溶解氧。在本实验中，用碘量法测定溶解氧。

五、计算

1. 不经稀释直接培养的水样

$$BOD_5 = C_1 - C_2$$

式中　C_1——水样在培养前的溶解氧的浓度，mg/L；

C_2——水样经 5 天培养后，剩余溶解氧的浓度，mg/L。

2. 经稀释后培养的水样

$$BOD_5 = \frac{(C_1 - C_2) - (B_1 - B_2) \times f_1}{f_2}$$

式中　C_1——水样在培养前的溶解氧浓度，mg/L；

C_2——水样经 5 天培养后，剩余溶解氧的浓度，mg/L；

B_1——稀释水(或接种稀释水)在培养前的溶解氧的浓度，mg/L；

B_2——稀释水(或接种稀释水)经 5 天培养后，剩余溶解氧的浓度，mg/L；

f_1——稀释水(或接种稀释水)在培养液中所占比例；

f_2——水样在培养液中所占比例。

注：f_1、f_2 的计算，例如培养液的稀释比为 3%，即 3 份水样，97 份稀释水，则 $f_1=0.97$，$f_2=0.03$。

六、注意事项

(1) 本实验操作最好在 20 ℃左右室温下进行，实验用稀释水和水样应保持在 20 ℃左右。

(2) 在两个或三个稀释比的样品中，凡消耗溶解氧浓度大于 2 mg/L 和剩余溶解氧浓度大于 1 mg/L 者，计算结果时，应取其平均值。若剩余的溶解氧浓度小于 1 mg/L，甚至为零时，应加大稀释比。消耗溶解氧浓度小于 2 mg/L 有两种可能，一是稀释倍数过大，二是微生物菌种不适应、活性差，或含毒物质浓度过大。

(3) 为检查稀释水和接种液的质量，以及化验人员的操作水平，可将 20 mL 葡萄糖-谷氨酸标准溶液用接种稀释水稀释至 1 000 mL，按测定 BOD_5 的步骤操作。BOD_5 测定值应在 180～230 mg/L 之间。否则应检查接种液、稀释水的质量或操作技术是否存在问题。

(4) 水样稀释倍数超过 100 倍时，应预先在容量瓶中用水初步稀释后，再取适量进行最后稀释培养。

(5) 玻璃器皿应彻底洗净。先用洗涤剂浸泡清洗，然后用稀盐酸浸泡，最后依次用自来水、蒸馏水洗净。

实验8 水中挥发酚的测定

一、实验目的与要求

(1) 了解酚污染对水环境的影响;

(2) 掌握用萃取比色法和直接光度法测定酚的原理和操作技术。

二、实验原理

酚是水体重点控制排放的污染物。它会影响水生生物的正常生长,使水产品有异味,水中酚含量超过0.3 mg/L时,可引起鱼类的迴避,水体中酚的种类较多,部分酚可以挥发。本实验仅测定可被蒸馏的挥发酚。

在碱性条件和催化剂铁氰化钾作用下,酚类与4-氨基安替吡啉反应,生成橘红色的吲哚酚安替吡啉染料,其在510 nm波长处有最大吸收。若用氯仿萃取此染料,可以增加颜色的稳定性,提高吸收灵敏度,在460 nm波长处有最大吸收。

该方法可测定苯酚及邻、间位取代的酚,但不能测定对位有取代基的酚,由于样品中各种酚的相对含量不同,因而不能提供一个含混合酚的通用标准。通常选用苯酚做标准物,任何其他酚在反应中产生的颜色都看作苯酚作用的结果,取代酚一般会降低响应值。因此,用该方法测出的值仅代表水样中挥发酚的最低浓度。

三、实验仪器与试剂

(1) 722型分光光度计及1 cm和3 cm比色皿。

(2) 500 mL全玻璃蒸馏器。

(3) 无酚水。本实验均用无酚水,制备方法如下:

① 置水于全玻璃磨口蒸馏器内,加氢氧化钠溶液至强碱性,加高锰酸钾溶液至深紫色,加热蒸馏,蒸馏液储于硬质玻璃瓶中。

② 在每升重蒸馏水中加入0.2 g活性炭,充分振摇,放置过夜,过滤,储于硬质玻璃瓶中。

(4) 硫酸铜溶液。称取100 g硫酸铜($CuSO_4 \cdot 5H_2O$)溶解于1 L水中。

(5) 磷酸溶液。量取10.0 mL 85%磷酸,用水稀释至100 mL。

(6) 0.02 mol/L溴酸钾-溴化钾溶液。称取0.557 g无水溴酸钾溶于水中，加入 1.983 g 溴化钾，离解后移入 1 000 mL 容量瓶内，稀释至标线。

(7) 0.025 mol/L 硫代硫酸钠标准溶液。称取 6.28 g 硫代硫酸钠，溶于 1 L煮沸后冷却的水中，加入 0.4 g 碳酸钠，储于棕色瓶内。

(8) 酚标准储备液。称取 1.0 g 苯酚溶于煮沸后冷却的水中，稀释至 1 L。按下法标定：

取 10.00 mL 酚标准储备液于 250 mL 碘量瓶中，加入 100 mL 水，10.0 mL 0.02 mol/L 溴酸钾-溴化钾溶液，立即加入 5 mL 浓盐酸，盖好瓶盖，摇匀。于暗处静置 5 min，加入 1 g 碘化钾，摇匀。5 min 后，用 0.025 mol/L 硫代硫酸钠滴定至淡黄色，再加 1 mL 淀粉溶液，继续滴定至蓝色刚好消失，记录用量。用水代替酚标准储备液，做空白滴定，记录用量。

酚标准储备液浓度由下式计算：

$$\text{苯标准储备液浓度} = \frac{(V_1 - V_2) \times c}{V} \times \frac{94}{6}\ (\text{mg/mL})$$

式中 V_1——空白滴定值，mL；

V_2——滴定体积，mL；

c——硫代硫酸钠标准溶液浓度，mol/L；

V——酚标准储备液体积，10.00 mL；

94——苯酚的摩尔质量，g/mol。

(9) 酚标准中间液。将酚标准储备液稀释至浓度为 0.10 mg/L。

(10) 酚标准使用液。吸取 5.00 mL 酚标准中间液于 500 mL 容量瓶中，用煮沸后冷却的水稀释至标线。此溶液含酚量为 1.00 mg/mL，用前 2 h 配制。

(11) 缓冲溶液。称取 20 g 氯化铵溶于 100 mL 浓氨水中，调节 pH 为 10.7。

(12) 4-氨基安替吡啉溶液。称取 2.0 g 4-氨基安替吡啉溶于水中，稀释至 100 mL，用时配制，该溶液储于棕色瓶内，在冰箱中可保存 1 周。

(13) 铁氰化钾溶液。称取 8.0 g 铁氰化钾溶于 100 mL 水中，可保存 1 周。

(14) 氯仿。

四、实验步骤

1. 预蒸馏

量取 250 mL 待测水样于蒸馏瓶中，加 2 滴甲基橙指示剂。用磷酸溶液将水样调至呈橙红色（此时 pH 约为 4），加入 5.0 mL 硫酸铜溶液（如取样时已加过，则不必再加）及数粒玻璃珠，加热蒸馏，以 250 mL 量筒或容量瓶收集馏出液，待蒸馏出约 225 mL 液体后，停止加热。液面静止后，加入 25 mL 蒸馏水，继续蒸馏至馏出液 250 mL。

2. 萃取比色法

(1) 将 250 mL 馏出液转入 500 mL 分液漏斗中，或者用移液管取部分馏出液稀释至 250 mL，使溶液的酚含量不大于 15 μg。

(2) 分别取酚标准使用液 0 mL、0.05 mL、1.00 mL、2.00 mL、4.00 mL、6.00 mL、8.00 mL、10.00 mL、15.00 mL，用 250 mL 煮沸后的冷却水稀释，移入 500 mL 分液漏斗中。

(3) 在分液漏斗内依次加入 2 mL 缓冲溶液、1.5 mL 4-氨基安替吡啉溶液，混匀，加入 1.5 mL 铁氰化钾溶液，再混匀。静置 10 min 显色。

(4) 分别加入 13.00 mL 氯仿，剧烈振摇 2 min 萃取，静置分层。

(5) 擦干分液漏斗的导管内壁，塞入一小团脱脂棉，将有机相直接放入比色皿中。

(6) 在 $\lambda=460$ nm 处，以氯仿为参比，用 3 cm 比色皿测定各标准系列的吸光度，绘制标准曲线，同时测定样品的吸光度，从标准曲线上查出对应的含酚量。

标准系列和样品的吸光度都应扣除试剂的空白值。

3. 直接光度法

水样酚浓度为 0.1～5 mg/L 时，可采用此法。

(1) 绘制标准曲线

于 50 mL 比色管中分别加入 0 mL、0.25 mL、0.50 mL、1.00 mL、2.00 mL、3.00 mL 酚标准中间液，用水稀释至 50 mL，混匀。加入 0.5 mL 缓冲溶液、1 mL 4-氨基安替吡啉溶液，混匀，加入 1 mL 铁氰化钾溶液，再混匀。最后用水稀释至 50 mL，放置 15 min 后，于 510 nm 波长处，用 1 cm 比色皿，以试剂空白为参比，测定吸光度。绘制标准曲线。

(2) 水样测定

取 20 mL 馏出液(酚含量小于 0.25 mg)或取适量馏出液置于比色管中，按测定标准系列的步骤操作，测定吸光度。

五、数据处理

$$酚浓度=\frac{测得的酚含量}{水样的体积}\ (\mathrm{mg/L})$$

六、注意事项

(1) 水中的酚不稳定，易挥发和氧化，并受微生物作用而损失。因此，水样采集后应加氢氧化钠保存剂，并尽快测定。

（2）氧化性、还原性物质，金属离子及芳香胺类化合物对测定有干扰作用，采用预蒸馏可除去大多数干扰物，但对污染严重的水样，蒸馏前要用下述方法消除干扰物：

① 除氧化剂。加入碘化钾和酸后如果游离出碘，说明有氧化剂存在。这时用过量的硫酸亚铁和亚砷酸钠除去氧化剂。

② 除硫化物。用磷酸调节水样使 pH 为 4。搅拌曝气，除去二氧化硫及化氢。

③ 除油类。用浓氢氧化钠溶液调节水样，使 pH 为 12～13，以四氯化碳提取油类，弃去有机相，加热蒸去水相中残余的四氯化碳。

（3）一次蒸馏足以净化样品。若出现馏出液浑浊，需用磷酸酸化后再蒸馏。

（4）样品和标准溶液中加入缓冲液和 4-氨基安替吡啉后，要混匀才能加入铁氰化钾，否则结果偏低。

（5）萃取比色法中，试剂空白以氯仿为参比的吸光度应在 0.10 以下，否则 4-氨基安替吡啉溶液应重新配制或采用新出厂氯仿产品。

（6）当苯酚溶液呈红色时，则需对苯酚精制。方法如下：

取在水浴上熔化后的苯酚，置于适量的蒸馏瓶中，插入 250 ℃温度计，加热蒸馏，空气冷凝，注意保温收集 182～184 ℃的馏分。精制的苯酚冷却后应为无色，低温时析出结晶储于暗处。

实验9　水中氨氮的测定

（纳氏试剂光度法）

一、实验目的与要求

（1）了解氨氮的概念；

（2）掌握氨氮的测定方法。

二、概述

氨氮（NH_3-N）以游离氨（NH_3）或铵盐（NH_4^+）形式存在于水中，两者的组成比取决于水的pH值和水温。当pH值偏高时，游离氨的比例较高。反之，则铵盐的比例高，水温则相反。水中氨氮的来源主要为生活污水中含氮有机物受微生物作用的分解产物，如某些工业废水（如焦化废水和合成化肥厂废水等），以及农田排水等。此外，在无氧环境水中存在的亚硝酸盐亦可受微生物的作用还原为氮。在有氧环境中，水中氨亦可转变为亚硝酸盐，甚至继续转变为硝酸盐。

测定水中各种形态的氮化合物，有助于评价水体被污染和"自净"状况。鱼类对水中氨氮比较敏感，氨氮含量高会导致鱼类死亡。

氨氮的测定方法，通常有纳氏试剂光度法、气相分子吸收法、苯酚-次氯酸盐（或水杨酸-次氯酸盐）比色法和电极法等。纳氏试剂光度法具有操作简便、灵敏等特点，水中钙、镁和铁等金属离子、硫化物、醛和酮类、颜色以及浑浊程度等均干扰测定，需作相应的预处理。本实验采用纳氏试剂光度法。

三、实验原理

碘化汞和碘化钾的碱性溶液与氨反应生成淡红棕色胶态化合物，此化合物颜色在较宽的波长内具有强烈吸收作用。通常测量用波长在410～425 m范围。

脂肪胺、芳香胺、醛类、丙酮、醇类和有机氯胺等有机化合物，以及铁、锰、镁和硫等无机离子，因产生异色或浑浊而引起干扰，水中颜色和浑浊程度亦影响比色。为此，水样须经絮凝沉淀过滤或蒸馏预处理。易挥发的还原性干扰物质，还可在酸性条件下加热以除去。对金属离子的干扰，可加入适量的掩蔽剂加以消除。

$$2K_2[HgI_4]+3KOH+NH_3 \xlongequal{} \underset{\text{黄棕色化合物}}{[Hg_2O\cdot NH_2]I}+2H_2O+7KI$$

将水样采集在聚乙烯瓶或玻璃瓶内，并应尽快分析，必要时可加入硫酸酸化至 $pH<2$，于 2～5 ℃下存放。酸化样品应注意防止吸收空气中的氨而被污染。

四、实验仪器与试剂

1. 仪器

(1) 可见分光光度计 752N 型、722 型。

(2) pH 计。

(3) 500 mL 全玻璃蒸馏装置。

2. 试剂

水样稀释和试剂配制均用无氨水。

(1) 无氨水制备。

蒸馏法：每升蒸馏水中加入 0.1 mL 硫酸，在全玻璃蒸馏器中重蒸馏。弃去 50 mL 初馏液，将蒸出水接收于玻璃容器中。

离子交换法：使蒸馏水通过强酸性阳离子交换树脂柱。

(2) 2%硼酸吸收液：称取 2 g 硼酸溶于水，稀释至 100 mL。

(3) 磷酸盐缓冲液(pH＝7.4)：分别称取磷酸二氢钾和磷酸氢二钾各 14.3 g溶于不含氨的水中，稀释至 1 000 mL，用 pH 计指示，并用磷酸二氢钾或磷酸氢二钾调节 pH 至 7.4。

(4) 纳氏试剂：称取 20 g 碘化钾溶于约 40 mL 水中，边搅拌边分次少量加入二氯化汞($HgCl_2$)结晶粉末约 10 g，并充分搅拌，至出现微量不易溶解的朱红色沉淀。另称取 60 g 氢氧化钾溶于水，并稀释至 200 mL，充分冷却至室温后备用。将上述溶液在搅拌下徐徐注入氢氧化钾溶液中(全部)，用水稀释至 400 mL，混匀，静置过夜。将上清液移入聚乙烯瓶中，密塞保存于冰箱中，有效期 1 个月。

(5) 50%酒石酸钾钠溶液：称取 10 g 酒石酸钾钠溶于 20 mL 水中，加热煮沸以除去氨，放冷备用。冷却后稀释至 20 mL 备用。

(6) 铵标准贮备液：称取优级纯氯化铵(100 ℃干燥过)3.819 g 溶于水中，转入 1 000 mL 容量瓶内，摇匀，用水稀释至刻度，此溶液每毫升含 1.00 mg 氨氮。

(7) 氨标准使用液：吸取铵标准贮备液 1 mL 于 100 mL 容量瓶中，用水稀释至标线，摇匀，此溶液每毫升含 0.010 mg 氨氮。

(8) 浓硫酸(分析纯)。

(9) 10%硫酸锌溶液：称取 10 g 硫酸锌溶于水，稀释至 100 mL(絮凝沉淀法预处理水样)。

(10) 25%氢氧化钠溶液：称取 25 g 氢氧化钠溶于水，稀释至 100 mL，储存于聚乙烯瓶中(絮凝沉淀法预处理水样)。

五、实验步骤

1. 水样的预处理

水样带色或浑浊以及含其他一些干扰物质会影响氨氮的测定，为此，在分析时需作适当的预处理。对较为清洁的水样，可采用絮凝沉淀法。对污染严重的水或工业废水，宜采用蒸馏法进行水样的预处理以消除干扰。

(1) 絮凝沉淀法

加适量的硫酸锌在水样中，并加氢氧化钠使呈碱性，产生氢氧化锌沉淀，再经过滤消除颜色和浑浊等。

步骤：用 250 mL 具塞锥形瓶，取 100 mL 水样于锥形瓶中，加入 1 mL 硫酸锌溶液和 0.1～0.2 mL 25%氢氧化钠溶液，调节溶液 pH 至 10.5 左右，混匀，放置使沉淀，用经无氨水充分洗涤过的中速定量滤纸过滤，弃去初滤液 20 mL后备用。

(2) 蒸馏法

步骤：① 蒸馏瓶的清洗。在蒸馏瓶中加入 200 mL 无氨水、10 mL 磷酸盐缓冲液和数粒玻璃珠，加热蒸馏至馏出液不含氨为止(馏出液 20～50 mL，用 pH 试纸检验)，冷却，弃去瓶内残液，留下玻璃珠。② 取 250 mL 水样置于已清洗蒸馏瓶中，加入 10 mL 磷酸盐缓冲液，以一只盛有 50 mL 2%硼酸吸收液的 250 mL 锥形瓶收集馏出液，收集时应将冷凝管的导管末端浸入吸收液面下，其蒸馏速度为 6～8 mL/min，至少收集 150 mL 馏出液(共计 200 mL)。蒸馏结束前 2～3 min 应把锥形瓶放低，使吸收液面脱离冷凝管，并再蒸馏片刻以洗净冷凝管和导管，用无氨水稀释定容至 250 mL，备用。

2. 标准曲线的绘制

吸取浓度为 0.010 mg/mL 氨氮的铵标准使用液 0 mL、0.50 mL、1.00 mL、3.00 mL、5.00 mL、7.00 mL、10.00 mL 分别置于 50 mL 比色管中，加水至标线。加 1.0 mL 酒石酸钾钠溶液，混匀。加 1.5 mL 纳氏试剂，混匀。放置 10 min 后，在波长 420 nm 处，用光程 20 mm 比色皿，以水为参比，测量吸光度。

3. 水样的测定

(1) 絮凝沉淀法

取 50 mL 经絮凝沉淀法预处理后的水样，置于 50 mL 比色管中，若氨氮含量较高，可取适量水样置于 50 mL 比色管中(使氨氮含量不超过 0.1 mg)，用水稀释至标线。其余操作同 2，测量吸光度。

(2) 蒸馏法

取 50 mL 经蒸馏预处理后的馏出液，置于 50 mL 比色管中，若氨氮含量较高，可取适量水样置于 50 mL 比色管中(使氨氮含量不超过 0.1 mg)，用水稀释至标线。其余操作同 2，测量吸光度。

注：经蒸馏或在酸性条件下煮沸预处理的水样，须加一定量氢氧化钠溶液，调节水样至中性，用水稀释至 50 mL 刻度线，再按与校准曲线相同的方式测量吸光度。

4. 空白试验

以无氨水代替水样，做与水样相同的全程序空白试验

六、计算

由水样测得的吸光度减去空白试验的吸光度后，从标准曲线上查得氨氮含量(mg)：

$$\text{氨氮(N)} = \frac{m}{V} \times 1\,000 \ (\text{mg/L})$$

式中 m——从标准曲线上查得的氨氮含量，mg；

V——水样体积，mL。

七、注意事项

(1) 纳氏试剂中碘化汞和碘化钾的比例对显色反应的灵敏度有较大影响。静置后生成的沉淀应除去。纳氏试剂显色后的溶液颜色会随时间而变化，所以应在较短的时间内完成比色操作。

(2) 滤纸中常含痕量铵盐，使用时注意用无氨水洗涤，所用玻璃器皿应避免实验室空气中氨的玷污。

(3) 用蒸馏法进行水样的预处理时，应检查装置的气密性。

(4) 蒸馏过程中，注意观察蒸馏瓶内的压力变化，导管只需要插入馏出液面下一点，不必插得太深，以防止倒吸现象发生。

实验10　水中铜、锌的测定

一、实验目的与要求

（1）掌握原子吸收分光光度计的工作原理和使用方法；

（2）掌握用火焰原子吸收光谱法测定铜、锌的原理和方法。

二、实验原理

某些废水中含有各种价态的金属离子，这些含金属离子的废水进入环境后，能对水、土壤和生态环境造成污染，我国对此类废水中各类金属离子的排放浓度均有严格的限值规定。测定水中金属离子的浓度可以采用多种方法，而用火焰原子吸收光谱法测定废水中金属离子浓度具有干扰少、测定快速的特点。

水样被引入火焰原子化器后，经雾化进入空气-乙炔火焰，在适宜的条件下，锌离子和铜离子被原子化，生成的基态原子能吸收待测元素的特征谱线。铜对 324.7 nm 的光产生共振吸收，锌对 213.8 nm 的光产生共振吸收，其吸光度与浓度的关系在一定范围内服从比尔定律，故采用与标准系列相比较的方法可以测定两种元素在水中的含量。

三、实验仪器与试剂

（一）仪器

（1）原子吸收分光光度计。

（2）铜和锌空心阴极灯。

（二）试剂

除另有说明外，所用试剂均为分析纯试剂。

（1）硝酸：优级纯。

（2）高氯酸：优级纯。

（3）锌标准贮备液：1 g/L。

（4）铜标准贮备液：1 g/L。

（5）含铜、锌离子的水样。

四、实验步骤

（一）仪器准备

开启原子吸收分光光度计，调整好两种金属的分析线和火焰类型及其他测试条件。

（二）样品预处理

取 100 mL 水样放入 200 mL 烧杯中，加入 5 mL 硝酸，在电热板上加热消解（不要沸腾）。蒸至剩余 10 mL 左右，加入 5 mL 硝酸和 2 mL 高氯酸继续消解至剩余 1 mL 左右。若消解不完全，继续加入 5 mL 硝酸和 2 mL 高氯酸，再次蒸至剩余 1 mL 左右。取下冷却，加水溶解残渣，通过中速滤纸（预先用酸洗）滤入 100 mL 容量瓶中，用水稀释至标线。

（三）标准溶液配制

（1）铜和锌标准溶液：向 2 只 100 mL 容量瓶中分别移入 10.00 mL 铜标准贮备液和锌标准贮备液，各加入 5 滴 6 mol/L 盐酸，用二次蒸馏水稀释至标线，此为铜和锌标准溶液。

（2）锌标准系列溶液：向 5 只 100 mL 容量瓶中分别移入 0.50 mL、1.00 mL、1.50 mL、2.00 mL、2.50 mL 锌标准溶液，用二次蒸馏水稀释至标线，此为锌标准系列溶液。

（3）铜标准系列溶液：向 5 只 100 mL 容量瓶中分别移入 1.00 mL、2.00 mL、3.00 mL、4.00 mL、5.00 mL 铜标准溶液，用二次蒸馏水稀释至标线，此为铜标准系列溶液。

（四）吸光度测定

（1）将仪器调整到最佳工作状态，首先将铜空心阴极灯置于光路，锌空心阴极灯设为预热状态，点燃火焰。

（2）按照由稀至浓的顺序分别吸喷铜标准系列溶液，记录其吸光度。喷二次蒸馏水洗涤，然后吸入样品溶液，记录其吸光度。

（3）将锌空心阴极灯调入光路，将仪器调为锌的测试参数，按步骤（2）测定锌标准系列溶液和样品溶液的吸光度。

五、实验结果与数据处理

根据测得的标准系列溶液的吸光度绘制标准曲线或用最小二乘法计算回归方程，根据样品的吸光度分别从各自的标准曲线上查出或用回归方程计算得出样品中铜和锌的含量。

第2章　大气污染监测

实验11　总悬浮颗粒物的测定

一、实验目的与要求

(1) 学习和掌握重量法测定大气中总悬浮颗粒物(TSP)的方法；

(2) 学习和掌握大流量和中流量采样基本技术及采样方法。

二、实验原理

空气通过具有一定切割特性的采样器，以恒速抽取定量体积的空气，空气中粒径小于100 μm的悬浮颗粒物，被截留在已恒重的滤膜上。根据采样前、后滤膜质量之差及采气体积，计算总悬浮颗粒物的质量浓度。滤膜经处理后，可进行组分分析。

三、实验仪器与试剂

(1) 大流量采样器(采样器采样口的抽气速度为0.3 m/s，工作点采气流量为1.05 m^3/min)或中流量采样器(采样器采样口的抽气速度为0.3 m/s，工作点采气流量为100 L/min)。

(2) 大流量孔口流量计，量程0.7～1.4 m^3/min；中流量孔口流量计，量程70～160 L/min。

(3) 气压计。

(4) 温度计。

(5) 大盘天平，感量0.1 mg；分析天平，感量0.1 mg。

(6) 滤膜。超细玻璃纤维滤膜或聚氯乙烯等有机滤膜，20 cm×25 cm(大流量采样器)或ϕ=9 cm(中流量采样器)。

滤膜性能：滤膜对0.3 μm标准粒子的截留效率不低于99%，在气流速度为0.45 m/s时，单张滤膜阻力不大于3.5 kPa。在同样气流速度下，抽取经高效过滤器净化的空气5 h，每平方厘米滤膜失重不大于0.012 mg。

(7) 滤膜袋。用于存放采样后对折的采尘滤膜。袋面印有编号、采样日期、采样地点、采样人等项栏目。

(8) 滤膜保存盒。用于保存滤膜，保证滤膜在采样前处于平展不受折状态。

四、步骤

1. 空白滤膜准备

(1) 每张滤膜均需用X光看片机进行检查，不得有针孔或任何缺陷。在选中的滤膜光滑表面的两个对角上打印编号，在滤膜袋上打印同样编号备用。

(2) 将滤膜放在恒温恒湿箱(室)中平衡24 h。平衡条件：温度取15～30 ℃中任一点，相对湿度控制在45%～55%范围内。记录平衡温度与湿度。

(3) 在上述平衡条件下称量滤膜，滤膜称量精确到0.1 mg。记录滤膜质量。

(4) 将称量好的滤膜平展地放在滤膜保存盒中，采样前不得将滤膜弯曲或折叠。

2. 采样

(1) 打开采样头顶盖，取出滤膜夹。用清洁干布擦去采样头内及滤膜夹的灰尘。

(2) 将已编号并称量过的滤膜毛面向上，放在滤膜网托上，然后放滤膜夹，对正、拧紧，使不漏气。盖好采样头顶盖，按照采样器使用说明操作，设置好采样时间，即可启动采样。

(3) 当采样器不能直接显示标准状态下的累积采样体积时，需记录采样期间测试现场平均环境温度和平均大气压。

(4) 采样结束后，打开采样头，用镊子轻轻取下滤膜，采样面向里，将滤膜对折，放入号码相同的滤膜袋中。取滤膜时，如发现滤膜损坏，或滤膜上尘的边缘轮廓不清晰、滤膜安装歪斜等，表示采样时漏气，则本次采样作废，需重新采样。

3. 尘膜的平衡及称量

(1) 将尘膜放在恒温恒湿箱(室)中，用同空白滤膜平衡条件相同的温度、湿度，平衡24 h。

(2) 在上述平衡条件下称量尘膜，尘膜称量精确到0.1 mg。记录尘膜质量。

五、计算

$$TSP=\frac{W_1-W_0}{V_n}\times 1\ 000\ (mg/m^3)$$

式中，W_1 为尘膜质量，g；W_0 为空白滤膜质量，g；V_n 为标准状态下的累积采样体积，m^3。

当采样器未直接显示标准状态下的累积采样体积 V_n 时，按下式计算：

$$V_n=Q\times\frac{P_2T_n}{P_nT_2}\times t\times 60$$

式中，Q 为采样器采气流量，m^3/min；P_2 为采样期间测试现场平均大气压力，kPa；T_n 为标准状态的绝对温度，273K；t 为累积采样时间，h；P_n 为标准状态下的大气压力，101.325 kPa；T_2 为采样期间测试现场平均环境温度，K。

六、注意事项

(1) 采样器流量校准，按标准中规定进行。

(2) 采样器应定期维护，通常每月维护一次，所有维护项目应详细记录。

(3) 要经常检查采样头是否漏气。当滤膜安放正确，采样后滤膜上颗粒物与四周白边之间出现界线模糊时，则表明应更换滤膜封垫。

(4) 对电机有电刷的采样器，应在可能引起电机损坏以前更换电机电刷，更换时间凭经验决定。更换电刷后要重新校准流量。新更换电刷的采样器应在负载条件下运转 1 h，待电刷与转子的整流子良好接触后，再进行流量校准。

实验 12　空气中二氧化硫的测定

一、实验目的与要求

(1) 学习和掌握大气采样器和溶液吸收法采集空气中二氧化硫的方法和操作技术；

(2) 学习和掌握用甲醛缓冲溶液吸收-盐酸副玫瑰苯胺分光光度法测定空气中二氧化硫方法的原理和技术。

二、实验原理

二氧化硫被甲醛缓冲溶液吸收后，生成稳定的羧基甲磺酸加成化合物。在样品溶液中加入氢氧化钠使加成化合物分解，释放出的二氧化硫与盐酸副玫瑰苯胺、甲醛作用，生成紫红色化合物，根据颜色深浅，用分光光度计在 577 nm 处进行测定。

三、实验仪器与试剂

1. 仪器

(1) 空气采样器。

(2) 分光光度计。

(3) 多孔玻板吸收管。10 mL 的多孔玻板吸收管用于短时间采样；50 mL 的多孔玻板吸收管用于 24 h 连续采样。

(4) 恒温水浴器。广口冷藏瓶内放置圆形比色管架，插一支长约 150 mm，量程为 0～40 ℃的酒精温度计，其误差应不大于 0.5 ℃。

(5) 具塞比色管，10 mL。

2. 试剂

(1) 环己二胺四乙酸二钠溶液[$c(Na_2CDTA)=0.050$ mol/L]。称取 1.82 g反式-1,2-环己二胺四乙酸(简称 CDTA)，加入 1.50 mol/L 的氢氧化钠溶液 6.5 mL，溶解后用水稀释至 100 mL。

(2) 甲醛缓冲吸收液贮备液。吸取 36%～38%的甲醛溶液 5.5 mL，0.050 mol/L的 Na_2CDTA 溶液 20.0 mL；称取 2.04 g 邻苯二甲酸氢钾，溶解于少量水中；将三种溶液合并，用水稀释至 100 mL，贮于冰箱，可保存 10 天。

(3) 甲醛缓冲吸收液。用水将甲醛缓冲吸收液贮备液稀释100倍而成，含0.2 mg甲醛，临用现配。

(4) 氢氧化钠溶液，$c(NaOH)=1.50$ mol/L。

(5) 0.6%氨磺酸钠溶液。称取0.60 g氨磺酸(H_2NSO_3H)于烧杯中，加入1.50 mol/L氢氧化钠溶液4.0 mL，搅拌至完全溶解后稀释至100 mL，摇匀。此溶液密封保存可使用10 d。

(6) 碘贮备液[$c(1/2\ I_2)=0.10$ mol/L]。称取12.7 g碘于烧杯中，加入40 g碘化钾和25 mL水，搅拌至完全溶解后，用水稀释至1 000 mL，贮于棕色细口瓶中。

(7) 碘使用液[$c(1/2\ I_2)=0.05$ mo/L]。量取碘贮备液250 mL，用水稀释至500 mL，贮于棕色细口瓶中。

(8) 0.5%淀粉溶液。称取0.5 g可溶性淀粉，用少量水调成糊状，慢慢倒入100 mL沸水中，继续煮沸至溶液澄清，冷却后贮于试剂瓶中。临用现配。

(9) 碘酸钾标准溶液[$c(1/6\ KIO_3)=0.100\ 0$ mol/L]。称取3.566 7 g碘酸钾(KIO_3，优级纯，经110 ℃干燥2 h)溶解于水，移入1 000 mL容量瓶中，用水稀释至标线，摇匀。

(10) 盐酸溶液(1+9)。

(11) 硫代硫酸钠贮备液[$c(Na_2S_2O_3)=0.10$ mol/L]。称取25.0 g硫代硫酸钠($Na_2S_2O_3\cdot 5H_2O$)，溶解于1 000 mL新煮沸并已冷却的水中，加入0.20 g无水碳酸钠，贮于棕色细口瓶中，放置一周后备用。如溶液呈现浑浊，必须过滤。

(12) 硫代硫酸钠标准溶液[$c(Na_2S_2O_3)=0.05$ mol/L]。取250.0 mL硫代硫酸钠贮备液，置于500 mL容量瓶中，用新煮沸并已冷却的水稀释至标线，摇匀。

标定方法如下：吸取三份0.100 0 mol/L碘酸钾标准溶液10.00 mL分别置于250 mL碘量瓶中，加入70 mL新煮沸并已冷却的水，加入1 g碘化钾，摇匀至完全溶解后，加入(1+9)盐酸10 mL，立即盖好瓶塞，摇匀。于暗处放置5 min后，用硫代硫酸钠标准溶液滴定溶液至浅黄色，加入2 mL淀粉溶液，继续滴定溶液至蓝色刚好褪去为终点。硫代硫酸钠标准溶液的浓度按下式计算。

$$c=\frac{0.1\ 000\times 10.00}{V}$$

式中，c为硫代硫酸钠标准溶液的浓度，mol/L；V为滴定所消耗硫代硫酸钠标准溶液的体积，mL。

(13) 0.05%乙二胺四乙酸二钠盐(Na_2EDTA)溶液。称取 0.25 g $Na_2EDTA \cdot 2H_2O$,溶解于 500 mL 新煮沸并已冷却的水中,临用现配。

(14) 二氧化硫标准溶液。称取 0.200 g 亚硫酸钠(Na_2SO_3),溶解于 200 mL Na_2EDTA 溶液中,缓缓摇匀(以防充氧)使其溶解。放置 2～3 h 后标定。此溶液每毫升相当于 320～400 μg 二氧化硫。

标定方法如下:吸取三份 20.00 mL 二氧化硫标准溶液,分别置于 250 mL 碘量瓶中,加入 50 mL 新煮沸并已冷却的水,20.00 mL 碘使用液及 1 mL 冰乙酸,盖塞,摇匀。于暗处放置 5 min 后,用硫代硫酸钠标准溶液滴定溶液至浅黄色,加入 2 mL 淀粉溶液,继续滴定至溶液蓝色刚好褪去为终点。记录滴定硫代硫酸钠标准溶液的体积 V。

另取三份 Na_2EDTA 溶液 20.00 mL,用同法进行空白实验。记录滴定硫代硫酸钠标准溶液的体积 V_0。

平行样滴定所耗硫代硫酸钠体积之差不应大于 0.04 mL,取其平均值。二氧化硫标准溶液的浓度按下式计算。

$$c=\frac{(V_0-V)\times c(Na_2S_2O_3)\times 32.02}{20.00}\times 1\ 000$$

式中,c 为二氧化硫标准溶液的浓度,μg/mL;V_0 为空白滴定所耗硫代硫酸钠标准溶液的体积,mL;V 为二氧化硫标准溶液滴定所耗硫代硫酸钠标准溶液的体积,mL;$c(Na_2S_2O_3)$为硫代硫酸钠标准溶液的浓度,mol/L;32.02 为二氧化硫($1/2\ SO_2$)的摩尔质量,g/mol。

在标定出准确浓度后,立即用甲醛缓冲吸收液稀释为每毫升含 10.00 μg 二氧化硫的标准溶液。临用时再用此吸收液稀释为每毫升含 1.00 μg 二氧化硫的标准使用溶液。此溶液在冰箱中 5 ℃保存,可稳定 1 个月。

(15) 0.2%盐酸副玫瑰苯胺(Pararosaniline,简称 PRA,即副品红、对品红)贮备液。盐酸副玫瑰苯胺的提纯方法及纯度质量检验应达到的指标见七。

(16) 0.05%盐酸副玫瑰苯胺使用溶液。吸取 0.2% PRA 贮备液 25.00 mL 于 100 mL 容量瓶中,加入 85%浓磷酸 30 mL,浓盐酸 12 mL,用水稀释至标线,摇匀。放置过夜后使用,避光密封保存。

四、步骤

1. 采样

(1) 短时间采样。根据环境空气中二氧化硫浓度的高低,采用内装 10 mL 吸收液的 U 形玻板吸收管,以 0.5 L/min 的流量采样,采样时吸收液温度应保持在 23～29 ℃范围内。

(2) 24 h 连续采样。用内装 50 mL 吸收液的多孔玻板吸收瓶，以 0.2～0.3 L/min 的流量连续采样 24 h，采样时吸收液温度应保持在 23～29 ℃范围内。

放置在室(亭)内的 24 h 连续采样器，进气口应连接符合要求的空气质量采样管路系统，以减少二氧化硫气样进入吸收管前的损失。

样品在采集、运输和贮存过程中应避光。当气温高于 30 ℃时，采样后如不能当天测定，可将样品溶液贮于冰箱。

2. 步骤

(1) 标准曲线的绘制

取 14 支 10 mL 具塞比色管，分 A、B 两组，每组 7 支，分别对应编号，A 组按表 1-12-1 配制标准系列。

表 1-12-1　二氧化硫标准系列

管号	0	1	2	3	4	5	6
二氧化硫标准使用液/mL	0	0.50	1.00	2.00	5.00	8.00	10.00
甲醛缓冲吸收液/mL	10.00	9.50	9.00	8.00	5.00	2.00	0
二氧化硫含量/μg	0	0.50	1.00	2.00	5.00	8.00	10.00

B 组各管加入 0.05% PRA 使用溶液 1.00 mL，A 组各管分别加入 0.6% 氨磺酸钠溶液 0.5 mL 和 1.50 mol/L 氢氧化钠溶液 0.5 mL，混匀。再逐管迅速将溶液全部倒入对应编号并装 PRA 使用溶液的 B 管中，立即具塞摇匀后放入恒温水浴中显色。显色温度与室温之差应不超过 3 ℃，根据不同季节和环境条件按表 1-12-2 选择显色温度与显色时间。

表 1-12-2　二氧化硫显色温度与时间对照

显色温度/℃	10	15	20	25	30
显色时间/min	40	25	20	15	5
稳定时间/min	35	25	20	15	10
试剂空白吸光度(A_0)	0.030	0.035	0.040	0.050	0.060

在波长 577 nm 处，用 1 cm 比色皿，以水为参比，测定吸光度。

用最小二乘法计算标准曲线的回归方程式：

$$y=bx+a$$

式中，y 为标准溶液吸光度 A 与试剂空白吸光度 A_0 之差；x 为二氧化硫含量，μg；b 为回归方程式的斜率，$1/(\mu g SO_2 \cdot 12\ mL)$；$a$ 为回归方程式的截距（一般要求小于 0.005）。

本法标准曲线斜率为 0.044±0.002。试剂空白吸光度 A_0 在显色规定条件下波动范围不超过±15%。正确掌握其显色温度、显色时间，特别在 25～30 ℃条件下，严格控制反应条件是实验成败的关键。

(2) 样品测定

所采集的环境空气样品溶液中如有浑浊物，则应离心分离除去。样品放置 20 min，使臭氧分解。

① 短时间采样。将吸收管中样品溶液全部移入 10 mL 比色管中，用少量甲醛缓冲吸收液洗涤吸收管，倒入比色管中，并用吸收液稀释至 10 mL 标线。加入 0.6%氨磺酸钠溶液 0.50 mL，摇匀。放置 10 min 以除去氮氧化物的干扰，以下步骤同标准曲线的绘制。

② 连续 24 h 采样。将吸收瓶中样品溶液移入 50 mL 比色管(或容量瓶)中，用少量甲醛缓冲吸收液洗涤吸收瓶，洗涤液并入样品溶液中，再用吸收液稀释至标线。吸取适量样品溶液(视浓度高低而决定取 2～10 mL)于 10 mL 比色管中，再用吸收液稀释至标线，加入 0.60%氨磺酸钠溶液 0.50 mL，混匀。放置 10 min 以除去氮氧化物的干扰，以下步骤同标准曲线的绘制。

五、计算

空气中二氧化硫的浓度按下式计算：

$$c(SO_2)=\frac{(A-A_0)}{V_s b}\times\frac{V_t}{V_a}\ (mg/m^3)$$

式中，A 为样品溶液的吸光度；A_0 为试剂空白溶液的吸光度；V_t 为样品溶液总体积，mL；V_a 为测定时所取样品溶液体积，mL；V_s 为标准状况下(0 ℃，101.325 kPa)的采样体积，L。

二氧化硫浓度计算结果应精确到小数点后第三位。

六、注意事项

(1) 环境空气样品采样时吸收液温度应保持在 23～29 ℃。此温度范围二氧化硫吸收效率为 100%，10～15 ℃时吸收效率比 23～29 ℃时低 5%，高于 33 ℃及低于 9 ℃时，比 23～29 ℃时吸收效率低 10%。

(2) 显色温度、显色时间的选择及操作时间的掌握是本实验成败的关键。应根据实验室条件，不同季节的室温选择适宜的显色温度及时间。操作中严格控制各反应条件。当在 25～30 ℃显色时，不要超过颜色的稳定时间，以免测定结果偏低。

(3) 显色反应须在酸性溶液中进行，应将含样品（或标准）溶液、吸收液的 A 组管溶液迅速倒入装有强酸性的 PRA 使用液的 B 组管中，使混合液在瞬间呈酸性，以利于反应的进行，倒完控干片刻，以免影响测定的精密度。

(4) 因六价铬能使紫红色化合物褪色，使测定结果偏低，故应避免用硫酸-铬酸洗液洗涤玻璃仪器。若已洗，可用(1＋1)盐酸浸泡 1 h 后，用水充分洗涤，烘干备用。

(5) 用过的比色皿及比色管应及时用酸洗涤，否则红色难于洗净。具塞比色管用(1＋1)盐酸洗涤，比色皿用(1＋4)盐酸加 1/3 体积乙醇的混合液洗涤。

七、盐酸副玫瑰苯胺提纯及质量检验方法

1. PRA 试剂提纯方法

取正丁醇和 1 mol/L 盐酸溶液各 500 mL，放入 1 000 mL 分液漏斗中盖塞振摇 3 min，使其互溶达到平衡，静置 15 min，待完全分层后，将下层水相（盐酸溶液）和上层有机相（正丁醇）分别转入试剂瓶中备用。称取 0.100 g 副玫瑰苯胺放入小烧杯中，加平衡过的 1 mol/L 盐酸溶液 40 mL，用玻璃棒搅拌至完全溶解后，转入 250 mL 分液漏斗中，再用平衡过的正丁醇 80 mL 分数次洗涤小烧杯，洗液并入分液漏斗中。盖塞，振摇 3 min，静置 15 min，待完全分层后，将下层水相转入另一 250 mL 分液漏斗中，再加 80 mL 平衡过的正丁醇，按上述操作萃取。按此操作每次用 40 mL 平衡过的正丁醇重复萃取 9～10 次后，将下层水相滤入 50 mL 容量瓶中，并用 1 mol/L 盐酸稀释至标线，混匀。此 PRA 贮备液浓度约为 0.2%，呈橘黄色。

2. PRA 试剂质量检验方法

(1) 贮备液的检验

吸取 1.00 mL 盐酸副玫瑰苯胺贮备液于 100 mL 容量瓶中，用水稀释至标线，摇匀。取此稀释液 5.00 mL 于 50 mL 容量瓶中，加入 1.0 mol/L 乙酸-乙酸钠溶液 5.00 mL，用水稀释至标线，摇匀。1 h 后测定光谱吸收曲线，在波长 540 nm 处有最大吸收峰。

(2) 1.0 mol/L 乙酸-乙酸钠溶液

称取 13.6 g 三水合乙酸钠溶于水，移入 100 mL 容量瓶中，加入 5.7 mL 冰乙酸，用水稀释至标线，摇匀。此溶液 pH 值为 4.7。

(3) 使用液的检验

用 0.2%PRA 贮备液配制的 0.05%PRA 使用溶液，同绘制标准曲线的方法，在波长 577 nm 处，用 1 cm 比色皿，测定试剂空白溶液的吸光度应不超过以下数据：10A ℃，0.03A；20 ℃，0.04A；25 ℃，0.05A；30 ℃，0.06A。

实验 13　大气中氮氧化物的测定

（盐酸萘乙二胺分光光度法）

一、实验目的与要求

（1）掌握大气中氮氧化物的测定原理、方法和操作过程；

（2）掌握标准溶液配制、显色、比色、工作曲线绘制等操作技术；

（3）熟悉大气采样器、分析天平、分光光度计等的使用。

二、实验原理

大气中的氮氧化物主要是一氧化氮和二氧化氮。在测定氮氧化物浓度时，应先用三氧化铬或高锰酸钾溶液将一氧化氮氧化成二氧化氮再进行测定。

二氧化氮被吸收液吸收后，生成亚硝酸和硝酸，其中，亚硝酸与对氨基苯磺酸发生重氮化反应，再与盐酸萘乙二胺耦合，生成玫瑰红色偶氮染料，可根据其颜色深浅，用分光光度法定量。因为二氧化氮（气）转变为亚硝酸根的转换系数为 0.88，故在计算结果时应除以 0.88。当空气中二氧化氮浓度高于 0.72 mg/m^3 时，转换系数为 0.77。

三、实验仪器与试剂

（1）茶色多孔玻板吸收管。

（2）双球玻璃管（内装三氧化铬-沙子）。

（3）空气采样器：流量范围 0～1 L/min。

（4）分光光度计。

（5）具塞比色管：10 mL。

四、实验试剂

所有试剂均用不含亚硝酸根的重蒸馏水配制。其检验方法是所配制的吸收液对 540 nm 光的吸光度不超过 0.005。

（1）盐酸萘乙二胺贮备液（1.00 g/L）：称取 0.50 g 盐酸萘乙二胺于 500 mL 容量瓶中，用水稀释至标线。此溶液贮于密闭的棕色试剂瓶中，在冰箱中冷藏可稳定 3 个月。

（2）显色液：称取 5.0 g 对氨基苯磺酸（$NH_2C_6H_4SO_3H$），溶解于 200 mL 热水中，将溶液冷却至室温，全部移入 1 000 mL 容量瓶中，加入 50.0 mL 盐酸萘乙二胺贮备液和 50 mL 冰乙酸，稀释至标线。此显色液为吸收原液，贮于棕色瓶中，在冰箱内可保存 2 个月。保存时应密封瓶口，防止空气与吸收液接触。

(3) 采样时，按 4 份显色液与 1 份水的体积比混合，配成采样用的吸收液。吸收液的吸光度应不超过 0.005(540 nm，1 cm 比色皿，以水为参比)。否则，应检查水、试剂纯度或显色液的配制时间和贮存方法。

亚硝酸钠标准贮备液：称取 0.375 0 g 粒状亚硝酸钠($NaNO_2$，优级纯，预先在干燥器内放置 24 h 以上)，溶解于水，移入 1 000 mL 容量瓶，用水稀释至标线。此溶液每毫升相当于 250.0 μg 亚硝酸根，贮于棕色瓶内，放在冰箱中保存，可稳定 3 个月。

(4) 亚硝酸钠标准使用液：吸取亚硝酸钠贮备液 1.00 mL 于 100 mL 容量瓶中，用水稀释至标线。临用前配制，此溶液每毫升含 2.50 μg 亚硝酸根。

(5) 硫酸溶液[$c(1/2\ H_2SO_4)=1$ mol/L]。

(6) 三氧化铬-沙子氧化管：筛取 20～40 网目海沙(或河沙)，用盐酸(1+2)浸泡一夜，用水洗至中性，烘干。将三氧化铬与沙子按质量比 1∶20 混合，加少量水调匀，放在红外灯下或烘箱内于 105 ℃烘干。烘干过程中应搅拌几次。制备好的三氧化铬-沙子应是松散的，若黏在一起，说明三氧化铬比例太大，可适当增加一些沙子，重新制备。称取约 8 g 三氧化铬-沙子装入双球玻璃管内，两端用少量脱脂棉塞好，用乳胶管或塑料管制的小帽将氧化管两端密封，备用。

(7) 盐酸羟胺溶液(0.2～0.5 g/L)。

五、实验步骤

1. 采样

将一支内装 10.00 mL 吸收液的茶色多孔玻板吸收管进气口连接三氧化铬-沙子氧化管，并使管口略微向下倾斜，以免湿空气将三氧化铬弄湿时污染后面的吸收液。将吸收管的出气口与空气采样器连接，以 0.4 L/min 的流量避光采样 4～24 L，至吸收液呈微红色为止，记下采样时间，密封好采样管，带回实验室，当日测定。若吸收液不变色，应延长采样时间，在采样的同时，应测定采样现场的温度和大气压力，并做好记录。

2. 测定步骤

(1) 标准曲线的绘制

取 6 支 10 mL 具塞比色管，按表 1-13-1 配制亚硝酸钠标准系列。

表 1-13-1　亚硝酸钠标准系列

管　　号	0	1	2	3	4	5
亚硝酸钠标准使用液/mL	0	0.40	0.80	1.20	1.60	2.00
水/mL	2.00	1.60	1.20	0.80	0.40	0
显色液/mL	8.00	8.00	8.00	8.00	8.00	8.00
亚硝酸根浓度/(μg/mL)	0	0.10	0.20	0.30	0.40	0.50

以上溶液摇匀，避开阳光直射放置 20 min(室温低于 20 ℃时，显色 40 min 以上)，在 540 nm 波长处，用 1 cm 比色皿，以水为参比，测定吸光度。扣除空白试样的吸光度以后，以吸光度为纵坐标，相应的标准溶液中 NO_2^- 含量(μg)为横坐标，绘制标准曲线，或用最小二乘法计算标准曲线的回归方程。

(2) 样品的测定

采样后，将吸收管中的吸收液全部移入 10 mL 具塞比色管内，用少量水洗涤吸收管，洗涤液并入具塞管中，用水稀释至 10 mL 标线。放置 20 min(实验低于 20 ℃时，应放置 40 min 以上)，移入 1 cm 比色皿中，按绘制标准曲线的方法和条件测定试剂空白溶液和样品溶液的吸光度。若样品溶液的吸光度超过标准曲线的测定上限，可用吸收液稀释后再测定吸光度。计算结果应乘以稀释倍数。

(3) 空白样品的测定：空白样品、样品和标准曲线应用同一批吸收液。

六、实验计算

$$c_{NO_2}=\frac{m}{kV_n}$$

式中　c_{NO_2}——样品中二氧化氮的浓度，mg/m^3；

m——从标准曲线上查得的 NO_2^- 含量，μg；

V_n——标准状态下的采样体积，L；

k——NO_2(气)转换为 NO_2^-(液)的系数，视样品浓度而定。

若利用线性回归方程，其结果的计算公式可参阅相应教科书。

七、实验提示

(1) 吸收液应避光，且不能长时间暴露在空气中，以防止光照时吸收液显色或吸收空气中的氮氧化物而使试管空白值增高。

(2) 氧化管适于在相对湿度为 30%～70%时使用。当空气相对湿度大于 70%时，应勤换氧化管；小于 30%时，则应在使用前，用经过水面的潮湿空气通过氧化管，平衡 1 h。在使用过程中应经常注意氧化管是否吸湿引起板结或者变为绿色。若板结，会使采样系统阻力增大，影响流量；若变成绿色，表示氧化管已失效。

(3) 亚硝酸钠(固体)应密封保存，防止空气及湿气侵入。部分氧化成硝酸钠或呈粉末状的试剂都不能用直接法配制标准溶液。若无颗粒状亚硝酸钠试剂，可用高锰酸钾容量法标定出亚硝酸钠贮备液的准确浓度后，再稀释为含 2.50 μg/mL 亚硝酸根的标准溶液。

(4) 溶液若呈黄棕色，表明吸收液已被三氧化铬污染，该样品应报废。

(5) 绘制标准曲线，向各管中加亚硝酸钠标准使用溶液时，都应以均匀、缓慢的速度加入。

(6) 本实验亦可用酸性高锰酸钾溶液(称取 25 g 高锰酸钾，稍微加热使其全部溶解于 500 mL 水中，然后加入 1 mol/L 硫酸溶液 500 mL，混匀，贮于棕色试剂瓶中)代替三氧化铬-沙子氧化管作为氧化剂进行采样。连接方式可参阅相应教科书。

实验 14　大气中 PM10 的测定

一、实验目的与要求

(1) 学习和掌握利用重量法测定空气中可吸入颗粒物(PM10)的方法；

(2) 学习和掌握大流量和中流量采样基本技术及采样方法。

二、实验原理

以恒速抽取定量体积的空气，使其通过具有 PM10 切割特性的采样器，PM10 被收集在已恒重的滤膜上。根据采样前、后滤膜质量之差及采样体积，计算出 PM10 的质量浓度。滤膜样品还可进行组分分析。

三、实验仪器与试剂

(1) 大流量采样器(采样器采样口的抽气速度为 0.3 m/s，工作点采气流量为 1.05 m^3/min)或中流量采样器(采样器采样口的抽气速度为 0.3 m/s，工作点采气流量为 100 L/min)。

(2) 大流量孔口流量计，量程 0.7～1.4 m^3/min；中流量孔口流量计，量程 70～160 L/min。

(3) 气压计。

(4) 温度计。

(5) 大盘天平，感量 0.1 mg；分析天平，感量 0.1 mg。

(6) 滤膜。超细玻璃纤维滤膜或聚氯乙烯等有机滤膜，20 cm×25 cm (大流量采样器)或 ϕ=9 cm (中流量采样器)。

滤膜性能：滤膜对 0.3 μm 标准粒子的截留效率不低于 99%，在气流速度为 0.45 m/s 时，单张滤膜阻力不大于 3.5 kPa，在同样气流速度下，抽取经高效过滤器净化的空气 5 h，每平方厘米滤膜失重不大于 0.012 mg。

(7) 滤膜袋。用于存放采样后对折的采尘滤膜。袋面印有编号、采样日期、采样地点、采样人等项栏目。

(8) 滤膜保存盒。用于保存滤膜，保证滤膜在采样前处于平展不受折状态。

四、实验步骤

1. 空白滤膜准备

(1) 每张滤膜均需用 X 光看片机进行检查，不得有针孔或任何缺陷。在选中的滤膜光滑表面的两个对角上打印编号。滤膜袋上打印同样编号备用。

(2) 将滤膜放在恒温恒湿箱(室)中平衡 24 h。平衡条件:温度取 15～30 ℃中任一点,相对湿度控制在 45%～55%范围内。记录平衡温度与湿度。

(3) 在上述平衡条件下称量滤膜,滤膜称量精确到 0.1 mg。记录滤膜质量。

(4) 称量好的滤膜平展地放在滤膜保存盒中,采样前不得将滤膜弯曲或折叠。

2. 采样

(1) 打开采样头顶盖,取出滤膜夹。用清洁干布擦去采样头内及滤膜夹的灰尘。

(2) 将已编号并称量过的滤膜毛面向上,放在滤膜网托上,然后放滤膜夹,对正、拧紧,使不漏气。盖好采样头顶盖,按照采样器使用说明操作,设置好采样时间,即可启动采样。

(3) 当采样器不能直接显示标准状态下的累积采样体积时,须记录采样期间测试现场平均环境温度和平均大气压。

(4) 采样结束后,打开采样头,用镊子轻轻取下滤膜,采样面向里,将滤膜对折,放入号码相同的滤膜袋中。取滤膜时,如发现滤膜损坏,或滤膜上层的边缘轮廓不清晰、滤膜安装歪斜等,表示采样时漏气,则本次采样作废,须重新采样。

3. 滤膜的平衡及称量

(1) 滤膜放在恒温恒湿箱(室)中,用同空白滤膜平衡条件相同的温度、湿度,平衡 24 h。

(2) 在上述平衡条件下称量滤膜,滤膜称量精确到 0.1 mg。记录滤膜质量。

五、实验计算

$$C_{\mathrm{PM10}}=\frac{m_1-m_0}{V_{\mathrm{n}}}\times 1\,000\ (\mathrm{mg/m^3})$$

式中 m_1——采样后滤膜质量,g;

m_0——空白滤膜质量,g;

V_{n}——标准状态下的累积采样体积,$\mathrm{m^3}$。

当采样器未直接显示标准状态下的累积采样体积 V_{n} 时,按下式计算:

$$V_{\mathrm{n}}=Q\times\frac{p_2 T_{\mathrm{n}}}{p_{\mathrm{n}} T_2}\times t\times 60$$

式中　Q——采样器采样流量，m^3/min；

p_2——采样器测试现场平均大气压，kPa；

T_n——标准状况下的热力学温度，273 K；

t——累积采样时间，h；

p_n——标准状况下的大气压，101.325 kPa；

T_2——采样期间测试现场平均环境温度，K。

六、注意事项

（1）根据 PM10 采样器的切割特性，其采集的微粒是空气动力学当量质量中粒径为 10 μm 的颗粒物。

（2）当 PM10 含量很低时，采样时间不能过短，要保证足够的采尘量，以减少称量误差。

实验 15 空气中甲醛的测定

一、实验目的与要求

(1) 了解室内空气中甲醛的主要来源及其危害,明确室内甲醛监测的意义;

(2) 掌握室内空气中甲醛样品的采集方法;

(3) 熟练掌握酚试剂分光光度法测定甲醛的原理与实验操作;

(4) 学会监测数据的处理及对室内甲醛污染状况进行分析。

二、实验原理

甲醛气体经水吸收后,在 pH=6 的乙酸-乙酸铵缓冲溶液中,与乙酰丙酮作用,在沸水浴条件下,迅速生成稳定的黄色化合物,在波长 413 nm 处测定。

三、实验仪器与试剂

(1) 流量范围为 0.2~1.0 L/min 的空气采样器。

(2) 多孔玻板吸收管 50 mL 或 125 mL、采样流量 0.5 L/min 时,阻力为 6.7 kPa±0.7 kPa,单管吸收效率大于 99%。

(3) 具塞比色管 25 mL,具 10 mL、5 mL 刻度,经校正。

(4) 分光光度计,附 1 cm 吸收池。

(5) 采样引气管为聚四氟乙烯管,内径 6~7 mm,引气管前端带有玻璃纤维滤料。

(6) 空盒气压表。

(7) 水银温度计,0~100 ℃。

(8) pH 酸度计。

(9) 水浴锅。

四、实验试剂

除非另有说明,分析时均使用符合国家标准的分析纯试剂和按(1)制备的水。

(1) 不含有机物的蒸馏水,加少量高锰酸钾的碱性溶液于水中再进行蒸馏即得(在整个蒸馏过程中水应始终保持红色,否则应随时补加高锰酸钾)。

(2) 吸收液,不含有机物的重蒸馏水。

(3) 乙酸铵。

(4) 冰乙酸，ρ=1.055 g/mL。

(5) 乙酰丙酮，ρ=0.975 g/mL。

(6) 0.25%乙酰丙酮溶液。称 25 g 乙酸铵，加少量水溶解，加 3 mL 冰乙酸及 0.25 mL 新蒸馏的乙酰丙酮，混匀再加水至 100 mL，调整 pH=6.0，此溶液于 2～5 ℃贮存，可稳定一个月。

(7) 甲醛标准贮备液。量取 10 mL 36%～38%甲醛，用水稀释至 500 mL，用碘量法标定甲醛溶液浓度。使用时，先用水稀释至每毫升含 10.0 μg 的甲醛溶液。然后立即吸取 10.00 mL 稀释溶液于 100 mL 容量瓶中，加 5.0 mL 吸收原液，再用水稀释至标线。此溶液每毫升含 1.0 μg 甲醛。放置 30 min 后，用此溶液配制标准系列，此标准溶液可稳定 24 h。

标定方法如下：吸取 5.00 mL 甲醛溶液于 250 mL 碘量瓶中，加入 30.00 mL $c(1/2\ I_2)$为 0.10 mol/L 碘溶液，立即逐滴加入 30%氢氧化钠溶液，至颜色褪至淡黄色为止。放置 10 min，用 5.0 mL(1+5)盐酸酸化（做空白滴定时需多加 2 mL）。置暗处放置 10 min，加入 100～150 mL 水，用 0.1 mol/L 硫代硫酸钠标准溶液滴定至淡黄色，加入 1.0 mL 新配制的 5%淀粉指示剂，继续滴定至蓝色刚刚褪去。建议购买甲醛标样。

另取 5 mL 水，同上法进行空白滴定。

按下式计算甲醛溶液浓度。

$$\text{甲醛溶液浓度}=\frac{(V_0-V)\times C(Na_2S_2O_3)\times 15.0}{5.00}\ (\text{mg/mL})$$

式中　V_0——滴定空白溶液，mL；

V——甲醛溶液所消耗硫代硫酸钠标准溶液浓度体积，mL；

$c(Na_2S_2O_3)$——硫代硫酸钠标准溶液浓度，mol/L；

15.0——相当于 1 L 1 mol/L 硫代硫酸钠标准溶液的甲醛$(1/2\ CH_2O)$的质量，g。

五、实验步骤

1. 样品的采集和保存

(1) 采样系统

采样系统由采样引气管、采样吸收管和空气采样器串联组成。吸收管体积为 50 mL 或 125 mL，吸收液装液量分别为 20 mL 或 50 mL，以 0.5～1.0 L/min 的流量采气 5～20 min。

(2) 环境空气采样

用一个内装 5.0 mL 吸收液的气泡吸收管，以 0.5 L/min 流量采样 10 L。

(3) 样品的保存

采集好的样品于 2～5 ℃贮存，2 d 内分析完毕，以防止甲醛被氧化。

(4) 采样体积的校准

① 流量校准。在采样时用皂膜流量计对空气采样器进行流量校准。采样体积 V_m(L)按下式计算：

$$V_m = Q'_r n$$

式中 Q'_r——经校正后的流量，L/min；

n——采样时间，min。

② 压力测量。连接标准皮托管和倾料式微压计进行压力测量，空气采样用空盒气压表进行气压读数，废气或空气压力以 p_m(kPa)表示。

③ 温度测量。用水银温度计测量管道废气或空气温度，以 t_m(℃)表示。

④ 体积标准。采气标准状态体积 V_{nd}(L)按下式计算：

$$V_{nd} = V_m \times 2.694 \times \frac{101.325 + p_m}{273 + t_m}$$

式中 V_m——废气或空气采样体积，L；

p_m——废气或空气压力，kPa；

t_m——废气或空气温度，℃；

V_{nd}——标准状态下废气或空气采样体积，L。

2. 校准曲线的绘制

取 7 支 25 mL 具塞比色管按表 1-15-1 配制标准系列。

表 1-15-1 标准系列的配制

管号	0	1	2	3	4	5	6
5.00 μg/mL 甲醛体积/mL	0	0.2	0.8	2.0	4.0	6.0	7.0
甲醛含量/μg	0	1.0	4.0	10.0	20.0	30.0	35.0

于上述标准系列中，用水稀释定容至 10.0 mL 标线，加 0.25%乙酰丙酮溶液 2.0 mL，混匀。置于沸水浴加热 3 min，取出冷却至室温，取 1 cm 吸收池，以管号 0 中的试剂溶液为参比，于波长 413 nm 处测定吸光度。以上述系列标准液测得的吸光度为纵坐标，以甲醛含量 x(μg)为横坐标，绘制校准曲线，或用最小二乘法计算其回归方程式。

$$y = bx + a$$

式中，y 为吸光度；a 为校准曲线截距；b 为校准曲线斜率。

由斜率倒数求得校准因子：$B_s=1/b$。

3. 样品测定

将吸收后的样品溶液移入 50 mL 或 100 mL 容量瓶中，用水稀释定容。取少于 10 mL 试样(吸取量视试样浓度而定)于 25 mL 比色管中，用水定容至 10.0 mL 标线，以下步骤按 2 进行分光光度测定。

4. 空白实验

用现场未采样空白吸收管的吸收液按 2 进行空白测定。

六、实验计算

(1) 试样中甲醛的吸光度 y

$$y=A_s-A_b$$

式中，A_s 为样品测定吸光度；A_b 为空白实验吸光度。

(2) 试样中甲醛含量 x(μg)

$$x=\frac{y-a}{b}\times\frac{V_1}{V_2} \quad 或 \quad x=(y-a)B_s\times\frac{V_1}{V_2}$$

式中，V_1 为定容体积，mL；V_2 为测定样体积，mL。

(3) 废气或环境空气中甲醛浓度 C(mg/m^3)

$$C=\frac{x}{Vnd}$$

七、注意事项

日光照射能使甲醛氧化，因此在采样时选用棕色吸收管，在样品运输和存放过程中都应采取避光措施。

实验 16　高效液相色谱法测定环境样品中的多环芳烃

一、实验目的与要求

(1) 了解高效液相色谱的构造与组成;

(2) 掌握高效液相色谱的使用方法。

二、实验原理

(一) 高效液相色谱的原理与方法

高效液相色谱是在经典液相色谱的基础上发展起来的。液相色谱是指流动相为液体的色谱技术,高效液相色谱在技术上采用了高压泵、高效固定相和高灵敏度检测器,从而实现分析速度快、分离效率高和操作自动化。高效液相色谱仪的基本结构如图 1-16-1 所示。

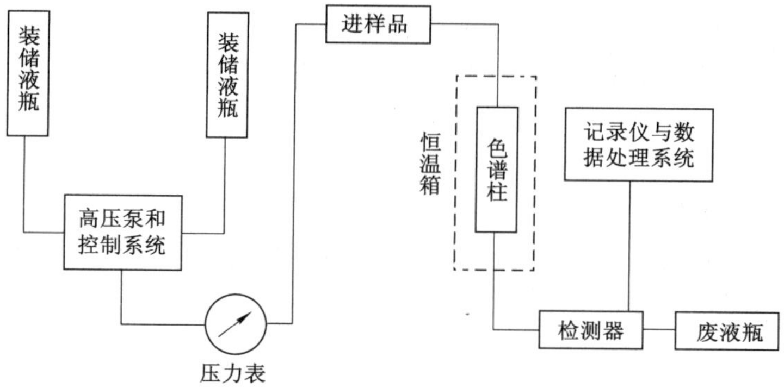

图 1-16-1　高效液相色谱仪结构示意图

1. 高压

液相色谱以液体作为流动相(常称载液)。液体流经色谱柱时,受到的阻力较大。为了使液体能迅速地通过色谱柱,必须对载液施加高压。在高效液相色谱中液体压力和进样压力都很高,一般可达 14.7～29.42 MPa,有时甚至可达 49.3 MPa 以上。高压是高效液相色谱的一个突出特点。

2. 高速

高效液相色谱所需的分析时间较经典液相色谱少得多,一般都低于 1 h。

例如分离苯的羟基化合物，7 个组分只需 1 min 就能完成。载液在色谱柱内的流速比经典液相色谱高得多，一般为 1 mL/min 以上，已近似于气相色谱的流速。

3. 高效

高效液相色谱的核心是色谱柱，其通常是以耐压不锈钢为柱材料，内填充 $\phi 3 \sim 10\ \mu m$ 固定相（一般为化学键合固定相）。柱效可达每米 5 000～20 000 个塔板，使分离效果和分辨能力都大大提高，有时一根柱子可以分离 100 种以上的组分。

4. 高灵敏度

高效液相色谱已广泛采用高灵敏度的检测器，进一步提高了分析的灵敏度。例如，紫外检测器的最小检测量可达 10^{-9} g 数量级；荧光检测器的灵敏度可达 10^{-12} g。高效液相色谱的高灵敏度还表现在所需试样很少，微升数量级的样品就足以进行全分析。

由于高效液相色谱具有以上的突出优点，在目前的色谱文献中，又把它称为高压液相色谱、高速液相色谱或现代液相色谱。

5. 分离机理

色谱分离的核心是待测物质在固定相和流动相之间的分配。液相色谱的分离机理可分为液液分配色谱、液固吸附色谱、离子交换色谱和凝胶渗透色谱。目前，液液分配色谱也远非经典概念上的定义，主要是使用了键合固定相，即在硅胶微粒表面化学键合上一层有机相。这种有机相既能起固定液的作用，又能长期保留在硅胶载体上。这种键合相的分离机理至今还不完全清楚，一般认为其既有液-液分配，又有吸附作用。现在，键合固定相被广泛使用，约占全部固定相的 90%，其中以 C_{18} 作为化学键合相的占 80%，因为 C_{18} 的分离效率高。

（二）环境中多环芳烃化合物

多环芳烃（PAH）广泛存在于环境中，这类化合物中已有不少被确定或怀疑具有致癌或致突变作用，所以日益引起人们的关注。PAH 主要是在煤、石油等矿物性燃料不完全燃烧时产生的，主要的工业污染源是焦化、石油炼制、炼钢等工业排放的废水和废气。PAH 在各种水中的最高允许浓度为：地下水，50 μg/L；地面水，1 μg/L；废水，100 μg/L。

目前国内外分离和测定 PAH 的主要方法有薄层色谱法、气相色谱法和高效液相色谱法（HPLC）。HPLC 测定 PAH 时不需高温，对某些 PAH 的测定具有较高的分辨率和灵敏度，柱后馏分便于收集进行光谱鉴定等优点。所以近年来，HPLC 广泛用于 PAH 的测定。

三、实验仪器与试剂

(1) 高效液相色谱仪，可调波长紫外检测器。

(2) 色谱柱：C_{18}反相柱。

(3) 中流量采样器。

(4) 滤膜：8 cm 超细玻璃纤维滤膜。

(5) 索氏提取器。

(6) K-D 浓缩器。

(7) PAH 标准样品：荧蒽、苯并[b]荧蒽、苯并[k]荧蒽、苯并[a]芘、苯并[ghi]苝、茚并[1,2,3-cd]芘。如无 PAH 标样，可用烷基取代苯系列(苯甲苯、二甲苯、三甲苯、乙苯、二乙苯等)。

(8) 流动相用水为二次蒸馏水，甲醇为色谱级。

(9) 其他试剂皆为分析纯。

四、实验步骤

(一) 采样

(1) 使用每张滤膜前均需用光照检查，不得使用有针孔或有任何缺陷的滤膜采样。

(2) 在称量前将采样滤膜在平衡室内平衡 24 h，然后在规定条件下迅速称量，读数准确至 0.1 mg，记下滤膜的编号和质量，将滤膜平展地放在光滑洁净的纸袋内，然后储存于盒内备用。采样前，不能弯曲或折叠滤膜。

平衡室放置在天平室内，平衡温度在 20～25 ℃，温度变化小于±3 ℃，相对湿度小于 50%，湿度变化小于 5%。天平室温度应维持在 15～30 ℃。

(3) 采样时，将恒量的滤膜用小镊子取出，“毛”面向上，将其放在采样夹的网托上(网托事先用纸擦净)，放上滤膜夹，拧紧采样器顶盖，然后开机采样，调节采样流量为 100 L/min。

(4) 采样开始后 5min 和采样结束前 5min 记录一次流量。一张滤膜连续采样 24 h。

(5) 采样后，用镊子小心取下滤膜，使采样“毛”面朝内，以采样有效面积长边为中线对折，将折叠好的滤膜放回表面光滑的纸袋并储存于盒内。

(6) 记录采样期的温度、压力。

(二) 样品预处理

1. PAH 的萃取

将颗粒物样品滤膜(“毛”面朝里)折叠后，小心放入索氏提取器的渗滤管中，注意不要让滤膜堵塞回流管，将渗滤管上下部分分别与冷凝管和接收瓶连接好，加入 40 mL 环己烷，置于温度为(98±1) ℃的水浴锅中进行回流。要求水面达到接收瓶高度的 2/3，连续回流 8 h。

2. PAH 的分离及浓缩

称取含水量 10%(质量分数)弗罗里硅土 6 g，制成环己烷浆液，装入内径为 10 mm 的玻璃柱内，将环己烷回流液通过层析柱。用 10～20 mL 环己烷分 3 次洗涤索氏提取器，洗涤液过柱。

用 75～100 mL 二氯甲烷丙酮[(8∶1)～(4∶1)，体积比]的洗脱液浸泡层析柱(40～60 min)，再用 50～60 mL 洗脱液洗脱(流速控制在 2 mL/min 左右)。将全部洗脱液接入浓缩装置，在水浴(60～70 ℃)上浓缩至预定体积(0.3～0.5 mL)，供 HPLC 分析。

(三) HPLC 分析

1. 色谱条件(供参考，可根据仪器及柱型选用最适合的条件)

单泵：流动相为 95%二次蒸馏水＋5%甲醇。

程序洗脱(双泵或多泵系统)：A 溶剂，二次蒸馏水；B 溶剂，甲醇。

流速：0.5 mL/min。

程序洗脱：75%B 溶剂保持 8 min，然后以每分钟 1% B 溶剂的速度线性增加至 92% B 溶剂，保持至出峰完，平衡 15 min。

柱温：30 ℃

进样量：5～10 μL。

检测器：254 nm 或 276 nm；如有荧光检测器可用以检测 PAH，需要选择好激发波长与发射波长。

2. PAH 的测定

按以上色谱条件，分析标样，得到 PAH 标样的色谱图，并分析未知样品，得到样品色谱图。以保留时间定性，按外标法计算样品中各个 PAH 的浓度。也可将 PAH 配成标准系列，测定不同浓度的响应，并绘制响应曲线(工作曲线)，即可得样品中 PAH 的含量。

五、实验计算

$$\text{PAH 的含量}=\frac{A_0 \cdot H \cdot V_t}{V_i \cdot V_s}\ (\mu g/m^3)$$

式中　A_0——标样浓度×进样体积/标样峰高，μg/mm；

H——样品峰高，mm；

V_t——样品的浓缩液体积，μL；

V_i——样品进样体积，μL；

V_s——大气样品体积，m^3。

六、注意事项

(1) 本实验分析对象为致癌物，因此，要有保护措施，如使用一次性塑料手套。

(2) 整个操作要在避光条件下进行，防止 PAH 分解。

(3) 配备标样的溶剂必须能与流动相很好地混合，否则在色谱分析时可能会出现误差。

(4) 本实验未使用内标，进样量应力求准确。

实验 17 空气中苯系化合物的气相色谱测定

一、实验目的与要求

(1) 掌握气相色谱法的分离和测定原理;

(2) 了解各种测定苯系化合物的方法。

二、实验原理

苯系化合物的来源主要有化工、炼油、炼焦等工业废水和废弃物,由于其种类很多,一般主要测定的是苯、甲苯、乙苯、二甲苯等化合物。苯、甲苯、乙苯、二甲苯都是无色、有芳香味、有挥发性、易燃的液体,微溶于水,由于易溶于乙醚、乙醇、氯仿和二硫化碳等有机溶剂,在空气中以蒸气状态存在。

色谱法是一种分离分析技术。气相色谱法以气体作为流动相,当气体携带欲分离的混合物经固定相时,由于混合物中各组分的性质不同,与固定相作用的程度也有所不同,因而组分在两相间具有不同的分配系数。经过多次的分配之后,各组分在固定相中的滞留时间有长有短,依次先后流出色谱柱而得到分离。

对于多个苯系化合物,目前广泛应用气相色谱法进行测定。其特点是可以同时测定,灵敏度高。采用活性炭吸附管富集空气中的苯、甲苯、乙苯、二甲苯,再用二硫化碳解吸后,进气相色谱仪进行定性定量分析。

三、实验仪器与试剂

(1) 气相色谱仪,具有氢焰离子化检测器。

(2) 流量为 0~1 L/min 空气采样器。

(3) 活性炭采样管内装有两段特制的活性炭,A 段 100 mg,B 段 50 mg。A 段为采样段,B 段为指示段。

(4) 容量瓶。

(5) 二硫化碳(分析纯),使用前必须纯化,并经色谱检验,无干扰峰即可。

(6) 标准化合物储备液。苯、甲苯、乙苯、二甲苯均为色谱纯,用二硫化碳配制每毫升含标准化合物 5~10 μg。

四、实验步骤

1. 采样

用乳胶管将活性炭吸附管 B 端与空气采样器连接,并垂直放置,以 0.5 L/min

流量采集气体1～2 L,取下采样管后两端用乳胶管密封。

2. 苯系化合物系列标准液

用二硫化碳配制分别含苯、甲苯2 ng/μL、4 ng/μL、6 ng/μL、8 ng/μL、10 ng/μL的系列标准液,含乙苯、对二甲苯、邻二甲苯、间二甲苯为4 ng/μL、8 ng/μL、12 ng/μL、16 ng/μL、20 ng/μL的系列标准液,取标准液2.00 mL放入5 mL的容量瓶中,加入0.25 g活性炭,振摇2 min,再放置2 min后,取2.00～5.00 μL,进样分析。

3. 样品萃取

将采样管A、B两段的活性炭分别移入2只5 mL的容量瓶中,加入2.00 mL的二硫化碳,振摇2 min,再放置20 min后,取2.00～5.00 μL,进样分析。

4. 气相色谱测定

用注射器抽取2 μL标准系列液注入色谱仪,分别测定苯、甲苯、乙苯、对二甲苯、间二甲苯、邻二甲苯的峰高(或面积)值,记录保留时间,再用注射器抽取2 μL萃取的试样注入色谱仪,测量其峰高值及保留时间。

五、数据处理

1. 气相色谱仪的测试条件

色谱柱:PEG-6000,长3 m、内径4 mm的不锈钢柱。

温度:柱温90 ℃,检测器150 ℃,汽化室200 ℃。

飞体流速:氮气25 mL/min,空气400 mL/min,氢气40 mL/min。

2. 绘制标准曲线

进样分析后,以保留时间定性,峰高(或面积)定量。以峰高值对浓度绘制各组分的标准曲线,再从标准曲线上读取对应样品峰高值的含量值。

按下列公式计算:

$$c_i = \frac{W_1 + W_2}{V_n}$$

式中 c_i——样品中i组分的含量,mg/m^3;

W_1——A段活性炭解析液中该组分含量,μg;

W_2——B段活性炭解析液中该组分含量,μg;

V_n——标准状况下的采样体积,L。

六、注意事项

(1) 分析时色谱条件应根据色谱仪的条件进行设置,色谱柱也可采用毛细管柱,这时需要注意的是进样量,进样量需要减少。

(2) 应注意取样和进样量必须准确。

实验 18　室内空气中氨的测定

一、实验目的与要求

掌握次氯酸钠-水杨酸分光光度法测室内空气中氨浓度的方法。

二、实验原理

空气中的氨被稀硫酸吸收液吸收后，生成硫酸铵。在亚硝基铁氰化钠存在下，铵离子、水杨酸和次氯酸钠反应生成蓝色化合物，根据颜色深浅，用分光光度计在 697 nm 波长处进行测定。该方法最低检出限为 0.1 mg/10 mL；当样品吸收液总体积为 10 mL，采样体积为 10 L 时，最低检出浓度为0.008 mg/m^3。

三、实验仪器与试剂

(1) 大型气泡吸收管：有 10 mL 刻度线，出气口内径为 1 mm，与管底距离应为 3～5 mm。

(2) 空气采样器：流量范围为 0～10 L/min，流量稳定。使用前后，用皂膜流量计校准采样系统的流量，误差应小于±5%。

(3) 具塞比色管：10 mL。

(4) 分光光度计：722 型，测定波长为 697 nm，狭缝小于 20 nm。

四、实验试剂

(1) 无氨水的制备：在 1 000 mL 蒸馏水中，加入浓硫酸 0.1 mL，并在全玻璃蒸馏器中蒸馏，弃去前 50 mL 馏出液，收集其后馏出部分，收集的无氨水按每升 10 g 比例加入强酸性阳离子交换树脂，以利保存。

(2) 硫酸吸收液[硫酸溶液 $c(1/2H_2SO_4)=0.005$ mol/L]：量取 2.8 mL 浓硫酸，加入水中，并稀释至 1 L。临用时再稀释 10 倍。

(3) 氢氧化钠溶液[$c(NaOH)=5$ mol/L]：称取 100 g 氢氧化钠，溶于水，冷却后稀释至 500 mL。

(4) 水杨酸-酒石酸钾钠溶液：称取 10.0 g 水杨酸[$C_6H_4(OH)COOH$]，置于 150 mL 烧杯中，再加入 5 mol/L 氢氧化钠溶液 15 mL，充分搅拌至完全溶解。称取 10.0 g 酒石酸钾钠($KNaC_4H_4O_6\cdot 4H_2O$)，加水约 100 mL，加热沸腾至体积剩余一半以除去氨。冷却后，与上述溶液合并，用水稀释至 200 mL，混匀。室温下可稳定 1 个月。

(5) 亚硝基铁氰化钠溶液：称取 0.10 g 亚硝基铁氰化钠[$Na_2Fe(CN)_5 \cdot NO \cdot 2H_2O$]，置于 10 mL 具塞比色管中，加水至标线，振摇使之溶解。临用时现配。

(6) 次氯酸钠溶液：取 1 mL 次氯酸钠试剂原液(市售)，用碘量法标定其浓度。然后用 2 mol/L 氢氧化钠溶液稀释。贮于冰箱中可保存 2 个月。自行制备的操作方法为：将浓盐酸加入盛有二氧化锰的反应瓶中，置于 50～60 ℃ 热水浴上，用 2 mol/L 氢氧化钠溶液吸收逸出的氯气，即可得次氯酸钠溶液。

(7) 氯化铵标准贮备液：称取 0.785 5 g 在 105 ℃下干燥 2 h 的氯化铵(NH_4Cl)，用少量水溶解，移入 250 mL 容量瓶中，用水稀释至标线，此溶液每毫升含 1 000 μg 氨。

(8) 氯化铵标准溶液：临用时，吸取氯化铵标准贮备液 5.0 mL 于 500 mL 容量瓶中，用水稀释至标线，此溶液每毫升相当于含 10.0 μg 氨。

五、实验步骤

1. 布点

室内环境污染物浓度检测点应按房间面积设置：

(1) 房间面积小于 50 m^2时，设 1 个检测点；

(2) 当房间面积为 50～100 m^2时，设 2 个检测点；

(3) 房间面积大于 100 m^2时，设 3～5 个检测点。

当房间内有 2 个及以上检测点时，应取各点检测结果的平均值作为该房间的检测值。环境污染物浓度现场检测点应距内墙面不小于 0.5 m、距楼地面高度 0.8～1.5 m。检测点应均匀分布，避开通风道和通风口。

对采用集中空调的民用建筑工程，应在空调正常运转的条件下进行检测；对采用自然通风的民用建筑工程，应在门窗关闭 1 h 后进行检测。

2. 采样

采样系统由内装玻璃棉的双球玻管、吸收管、流量测量机和抽气泵组成，吸收瓶中装有 10 mL 吸收液，以 1～5 L/min 流量，采气 1～4 L。采样时应注意在恶臭源下风向，捕集恶臭感觉最强烈时的样品。采样后，应尽快分析，以防止吸收空气中的氨。若不能及时分析，需转移到具塞比色管中封好，在 2～5 ℃下存放，可存放一周。

3. 分析步骤

(1) 标准曲线的绘制

取 10 mL 具塞比色管 7 支，按表 1-18-1 制备标准系列。

表 1-18-1 氨标准系列

管号	0	1	2	3	4	5	6
氯化铵标准工作液/mL	0	0.20	0.40	0.60	0.80	1.00	1.20
氨含量/μg	0	2.0	4.0	6.0	8.0	10.0	12.0

在各管中加入 1.00 mL 水杨酸-酒石酸钾钠溶液，再加入 2 滴亚硝基铁氰化钠溶液，加水稀释至标线，混匀，于室温下放置 1 h。用 1 cm 比色皿，于波长 697.5 nm 处，以水作参比，测定各管溶液的吸光度，并以扣除试剂空白后的吸光度对氨含量绘制标准曲线。

(2) 样品测定

将样品溶液转入 10 mL 具塞比色管中，用少量水洗涤吸收管，合并洗涤液，加入 1 滴 1.0 mol/L 氢氧化钠溶液，加水稀释至总体积为 10 mL。在每批样品测定的同时，用 10 mL 未采样的吸收液作为试剂空白进行测定。如果样品溶液吸光度超过标准曲线范围，则可用试剂空白稀释样品显色液后再分析。计算样品浓度时，要考虑样品溶液的稀释倍数。

六、实验计算

(1) 将采样体积换算成标准状态下的采样体积。

$$V_0=V_t\times\frac{273}{273+t}\times\frac{P}{P_0}$$

式中 V_0——标准状态下的采样体积，L；

V_t——采样体积，由采样流量乘以采样时间而得，L；

P_0——标准状态下的大气压力，101.3 kPa；

P——采样时的大气压力，kPa；

T——采样时的空气温度，℃

(2) 空气中氨浓度的计算。

在各管中加入 1.00 mL 水杨酸-酒石酸钾钠溶液，再加入 2 滴亚硝基铁氰化钠溶液，加水稀释至 9 mL 左右，加入 2 滴次氯酸钠溶液，用水稀释至标线，混匀，于室温下放置 1 h。用 1 cm 比色皿，于波长 697 nm 处，以水作参比，测定各管溶液的吸光度，并以扣除试剂空白后的校正吸光度为纵坐标，氨含量(μg)为横坐标，绘制标准曲线。

$$c(NH_3)=\frac{(A-A_0)B_S}{V_0}\times 1\ 000$$

式中 $c(NH_3)$——空气中氨浓度，mg/m^3；

A——样品溶液的吸光度；

A_0——空白溶液的吸光度；

B_S——计算因子，μg/吸光度；

V_0——标准状态下的采样体积，L。

七、实验提示

1. 次氯酸钠溶液浓度的标定

称取 2 g 碘化钾(KI)于 250 mL 碘量瓶中，加 50 mL 水溶解，加 1.00 mL 次氯酸钠(NaClO)试剂，再加 0.5 mL 盐酸(50%，体积分数)，摇匀，于暗处放置 3 min。用硫代硫酸钠标准溶液[$c(1/2NaS_2O_3)=0.100$ mol/L]滴定析出的碘，至溶液呈黄色时，加 1 mL 新配制的淀粉指示剂(5 g/L)，继续滴定至蓝色刚刚褪去，即为终点，记录消耗硫代硫酸钠标准溶液体积，按如下公式计算次氯酸钠溶液的浓度。

$$c(NaClO)=c(1/2NaS_2O_3)\times V/(1.00\times 2)$$

式中 $c(NaClO)$——次氯酸钠试剂浓度，mol/L；

$c(1/2NaS_2O_3)$——硫代硫酸钠标准溶液浓度，mol/L；

V——硫代硫酸钠标准溶液用量，mL。

2.《民用建筑工程室内环境污染控制规范》(GB 50325—2010)

室内环境污染物浓度限量标准见表 1-18-2。

表 1-18-2 室内环境污染物浓度限量标准

污染物	Ⅰ类民用建筑工程	Ⅱ类民用建筑工程
氡/(Bq/m^3)	≤200	≤400
甲醛/(mg/m^3)	≤0.08	≤0.1
苯/(mg/m^3)	≤0.09	≤0.09
氨/(mg/m^3)	≤0.2	≤0.2
TVOC/(mg/m^3)	≤0.5	≤0.6

注：一类建筑：住宅、医院、老年建筑、幼儿园、学校教室等。

二类建筑：办公楼、商店、旅馆、文化娱乐场所、书店、图书馆、展览馆、体育馆、公共交通场所、餐厅、理发店等。

第3章　固体废物监测

实验19　固体废物浸出毒性实验

一、实验目的与要求

掌握固体废物中有害物质的浸出方法。

二、实验原理

固体废物受到水的冲淋、浸泡，其中有害成分将会转移到水相而污染地表水、地下水，导致二次污染。浸出实验采用规定办法浸出水溶液，然后分析浸出液的有害成分。我国规定分析的项目有汞、镉、砷、铬、铅、铜、锌、镍、锑、铍、氟化物、氰化物、硫化物、硝基苯类化合物等。

三、实验仪器与试剂

(1) 2 L具盖广口聚乙烯瓶或玻璃瓶。

(2) 水平往复振荡器。

(3) 0.45 μm滤膜(水性)。

(4) 原子吸收分光光度计(AAS)或电感耦合等离子发射光谱仪(ICP-AES)或气相色谱仪(GC)等。

四、实验步骤

1. 称取试样

称取100 g固体(无法采得干重的样品则先测水分再加以换算)，置于浸出容积为2 L的具盖广口聚乙烯瓶或玻璃瓶中，加水1 L。

2. 振荡均匀

将瓶子垂直固定在水平往复振荡器上，调节振荡频率为(110±10)次/min，振幅40 mm，在室温下振荡8 h，静置16 h。

3. 过滤

通过 0.45 μm 滤膜过滤，滤液按各分析项目进行保护，于合适条件下贮存备用。每种样品做两个平行浸出实验，每瓶浸出液对预测项目平行测定两次，取两次结果的算术平均值。实验报告中应包括被测样品的名称、来源、采集时间，样品的粒度级分配情况，实验过程的异常情况，浸出液的 pH 值、颜色、乳化和相分层情况。对于含水污泥样品，其滤液也必须同时加以分析，报告中须说明实验过程的环境温度及其波动范围，条件改变及其原因。

五、结果判定

根据检测项目的要求，参照相关分析方法进行分析，测定污染物的浓度，以浓度值是否超过允许值来判断其毒害性。

六、注意事项

须考虑试样与浸出容器的相溶性，在某些情况下，可用与容器形状类似的玻璃瓶代替聚乙烯瓶。例如，测定有机成分宜用硬质玻璃容器，对某些特殊类型的固体废物，由于安全及样品采集等方面的原因，无法严格按照上述条件进行实验时，可根据实际情况适当改变。

实验20 固体废物腐蚀性鉴别

一、实验目的与要求

(1) 了解固体废物的腐蚀性，掌握pH玻璃电极的使用方法；

(2) 掌握固态、半固态的固体废物的浸出液和高浓度液体pH值的测定方法。

二、实验原理

腐蚀性废物既可能腐蚀损伤接触部位的生物细胞组织，也可能腐蚀盛装容器造成泄漏，引起污染。用玻璃电极为指示电极，饱和甘汞电极为参比电极组成电池。在25 ℃条件下，氢离子活度变化10倍，使电动势偏移59.16 mV。仪器上直接以pH值的读数表示。许多pH计上有温度补偿装置，可以校正温度的差异。为了提高测定的准确度，校准仪器选用的标准缓冲溶液的pH值应与试样的pH值接近。

三、实验仪器与试剂

(1) 各种型号的pH计或离子活度计，精度：±0.02个pH值单位。

(2) 玻璃电极，消除钠差电极。

(3) 参比电极采用甘汞电极、银/氯化银电极或者其他具有固定电势的参比电极。

(4) 磁力搅拌器，以及用聚四氟乙烯或者聚乙烯等塑料包裹的搅拌棒。

(5) 温度计或有自动补偿功能的温度敏感元件。

(6) 一级标准缓冲剂的盐，在要求很高准确度的场合下使用。由这些盐制备的缓冲溶液需用低电导的、不含二氧化碳的水，而且这些溶液至少每月更换一次。

(7) 二级标准缓冲溶液，可用国家认可的标准pH值缓冲盐，用低电导率并除去二氧化碳的水配制。

四、实验步骤

(1) 如果样品和标准缓冲溶液的温差大于2 ℃，测量的pH值必须校正。可通过仪器带有的自动或手动补偿装置进行校正，也可预先将样品和标准缓冲溶液在室温下平衡至同一温度。记录测定的温度。

(2) 宜选用与样品的 pH 值相差不超过 2 个 pH 值单位的两个溶液校准仪器，用第一个标准溶液定位后，取出电极，彻底冲洗干净，并用滤纸吸取水分。再浸入第二个标准溶液进行校核，其 pH 值应在标准的允许误差范围内，否则就该检查仪器、电极或标准溶液是否有问题。当校核无问题时，方可测定样品。

(3) 如果在现场测定流体或半固体的流体（如稀泥、薄浆等）的 pH 值，电极可直接插入样品。电极插入深度适当并可移动，保证有足够的样品通过电极的敏感元件。

(4) 对块状或颗粒状的物料，则取其浸出液进行测定。

将样品或标准溶液倾倒在清洁烧杯中，其液面应高于电极的敏感元件，放入搅拌子，将清洁干净的电极插入烧杯中，以缓慢、固定的速率搅拌或摇动使溶液均匀，待读数稳定后记录其 pH 值。重复测定 2～3 次，直至其 pH 值变化小于 0.1 个 pH 值单位。

五、注意事项

(1) 每个样品至少做 3 个平行实验，其标准差不超过 ±0.15 个 pH 值单位，取算术平均值报告实验结果。

(2) 当标准差超过规定范围时，必须分析并报告原因。

(3) 可用复合电极。新的、长期未用的复合电极或玻璃电极在使用前应在蒸馏水中浸泡 24 h 以上。用毕冲洗干净，浸泡在水中。

(4) 甘汞电极的饱和氯化钾液面，必须高于汞体，并有适量氯化钾晶体存在，以保证氯化钾溶液饱和。使用前必须先拔掉上孔胶囊。

(5) 每次测定样品之前应充分冲洗电极，并用滤纸吸去水分，或用试样冲洗电极。

第4章　土壤污染监测

实验21　石墨炉原子吸收光谱法测定土壤中铅

一、实验目的与要求

(1) 了解石墨炉原子吸收光谱分析的程序；

(2) 掌握石墨炉原子吸收光谱法的实验测定方法。

二、实验原理

石墨炉原子化法是将固定体积的试液注入在惰性气体保护下的石墨管中，经电加热，石墨管温度迅速升高，使试液原子化的方法。原子化过程一般可分为以下四个阶段：

(1) 干燥阶段。将液体试样在100 ℃左右下干燥，转化为固体。

(2) 灰化阶段。蒸发除去样品中的有机物或低沸点无机物，温度控制在待测元素挥发温度以下。

(3) 原子化阶段。温度继续升高，使待测元素的化合物经熔融、蒸发、分解为气态自由原子。

(4) 净化阶段。在结束一个样品的测定后，用比原子化阶段稍高的温度加热石墨管，除去样品残渣。

在上述原子化过程中产生的气态原子可吸收空心阴极灯(光源)发射的同种元素的特征谱线，而对待测元素空心阴极灯所发射光强的吸收，遵循朗伯-比尔吸收定律。因此，测量石墨管中气体原子吸收前后的光强，便得到峰形吸收信号，该吸收峰的高度或面积正比于试样中待测元素的含量。依此可进行石墨炉原子吸收定量分析。

本法采用盐酸、硝酸、氢氟酸和高氯酸处理试样，使用热解涂层石墨管，加入$La(NO_3)_3$作为基体改进剂，测定土壤中的铅。

三、实验仪器与试剂

(1) 原子吸收分光光度计(配有石墨炉原子化及塞曼效应扣背景装置)。
(2) 铅空心阴极灯。
(3) 聚四氟乙烯坩埚(50 mL)。
(4) 聚四氟乙烯比色管(10 mL)。
(5) 铅混合标准液。
(6) 5%抗坏血酸溶液。
(7) 5% $La(NO_3)_3$ 溶液。
(8) 盐酸。
(9) 硝酸。
(10) 氢氟酸。
(11) 高氯酸。

试剂均为分析纯。

四、实验步骤

1. 仪器工作条件

仪器工作条件见表 1-21-1。

表 1-21-1 工作条件

元素	Pb	灰化阶段	100～500 ℃/20 s
灯电流/mA	7.5	原子化阶段	500～2 400 ℃/6 s
波长/nm	283.3	净化阶段	2 600 ℃/3 s
狭缝/nm	1.3	进样体积/μL	10
干燥阶段	80～100 ℃/20 s		

2. 系列标准溶液的配制

分别配制含铅 0 μg、5.0 μg、10.0 μg、15.0 μg、20.0 μg 的标准溶液于 10 mL容量瓶中,各加入 5%抗坏血酸 0.5 mL 和 5% $La(NO_3)_3$ 溶液 2 mL,用 0.2 mol/L 硝酸定容。同时制备全程序试剂空白。

3. 试液的制备

称取 0.200 0 g 土壤样品于聚四氟乙烯坩埚中,用几滴水润湿,加入 15 mL王水,在低温电热板上加热消解 2 h,至溶液剩余 5 mL 左右,加入 0.5 mL氢氟酸和 1 mL 高氯酸,继续加热至冒白烟时,如果土壤消解物仍有黑色或棕色物存在,需加盖继续加热,待土壤消解物呈淡黄色时,开盖蒸发至近干。加入(1+5)硝酸 2 mL,继续加热溶解残渣,冷却后定容至 10 mL 比色管中。同时制备两份全程序试剂空白。

4. 测定

开启主机和计算机,启动仪器自动进样装置,编制测量程序,仪器调零。待仪器稳定后,按从低浓度到高浓度的顺序测定各元素系列标准溶液,由计算机自动绘制标准曲线,得出线性相关系数。若线性相关系数大于 0.999%,再测定试样溶液并打印结果。

五、数据处理

根据上述溶液测量结果,按下式计算土壤样品中待测元素的含量,填写实验报告。

$$W(\mathrm{B})=\frac{CV}{m}$$

式中　C——仪器测得的浓度,μg/mL;

$W(\mathrm{B})$——待测元素的含量,μg/g;

m——样品质量,g;

V——溶液体积,mL。

六、注意事项

热板温度不宜太高,否则会使聚四氟乙烯坩埚变形。

实验 22 土壤中有机氯农药残留量的测定

一、实验目的与要求

(1) 了解从土样中提取有机氯农药的方法;

(2) 掌握气相色谱法的定性、定量方法;

(3) 了解气相色谱仪的结构及操作技术。

二、实验原理

六氯环己烷(又名六六六)有 7 种顺、反异构体(α、β、γ、δ、ε、η 和 θ,也称甲体、乙体、丙体、丁体,戊体、己体和庚体)。一般只检测前 4 种异构体。其物理化学性质稳定,不易分解,且具有水溶性低、脂溶性高、在有机溶剂中分配系数大的特点。因此,本法采用有机溶剂提取、浓硫酸纯化的方法以消除或减少对分析的干扰,然后用电子捕获检测器进行检测。用标准化合物的保留时间定性,用峰高外标法定量。

三、实验仪器与试剂

(1) 附有电子捕获检测器的气相色谱仪。

(2) 水分快速测定仪。

(3) 250 mL 脂肪提取器。

(4) 微量注射器。

(5) 石油醚。沸程 60~90 ℃,重蒸馏,色谱进样无干扰峰。

(6) 丙酮。重蒸馏,色谱进样无干扰峰。

(7) 无水硫酸钠。300 ℃烘 4 h,放入干燥器中备用。

(8) 2%硫酸钠溶液。

(9) 30~80 网目硅藻。

(10) 脱脂棉。用石油醚回流 4 h 后,干燥备用。

(11) 滤纸筒。适当大小的滤纸用石油醚回流 4 h 后,干燥后做成筒状。

(12) α-六氯环己烷、β-六氯环己烷、γ-六氯环己烷、δ-六氯环己烷标准溶液。将色谱纯 α-六氯环己烷、β-六氯环己烷、γ-六氯环己烷、δ-六氯环己烷用石油醚配制成 200 mg/L 的贮备液,将石油醚配制成适当浓度的使用标准溶液。注意在配制 β-六氯环己烷标准溶液时,先用少量苯使之溶解。

四、实验步骤

1. 土样的提取

称取经风干过60网目筛的土壤20.00 g（另取10.00 g测定水分含量）置于小烧杯中，加2 mL水、4 g硅藻土，充分混合后，全部移入滤纸筒内，上部盖一滤纸，移入脂肪提取器中。加入80 mL石油醚-丙酮混合溶液（1∶1）浸泡12 h后，加热回流提取4 h。回流结束后，使脂肪提取器上部有集聚的溶剂。待冷却后将提取液移入500 mL分液漏斗中，用脂肪提取器上部溶液，分3次冲洗提取器烧瓶，将洗涤液并入分液漏斗中。向分液漏斗中加入300 mL 2%硫酸钠水溶液，振摇2 min，静置分层后，弃去下层丙酮水溶液，上层石油醚提取液供纯化用。

2. 纯化

在盛有石油醚提取液的分液漏斗中，加入6 mL浓硫酸，开始轻轻振摇，并不断将分液漏斗中因受热释放的气体放出，以防压力太大引起爆炸，然后剧烈振摇1 min。静置分层后弃去下部硫酸层。用硫酸纯化的次数，视提取液中杂质多少而定，一般为1～3次。然后加入100 mL 2%硫酸钠水溶液，振摇洗去石油醚中残存的硫酸。静置分层后，弃去下部水相。上层石油醚提取液通过铺有1 cm厚的无水硫酸钠层的漏斗（漏斗下部用脱脂棉支撑无水硫酸钠），脱水后的石油醚收集于50 mL容量瓶中，无水硫酸钠层用少量石油醚洗涤2～3次。洗涤液也收集于上述容量瓶中，加石油醚稀释至标线，供色谱测定。

3. 气相色谱测定

（1）分析条件

检测器：电子捕获检测器。

色谱柱：DB-5毛细管柱，长30 m。

柱箱温度：初始温度为60 ℃，以20 ℃/min升温速率升至180 ℃，再以10 ℃/min升温速率升至240 ℃。

汽化室温度：250 ℃。

检测器温度：300 ℃。

载气：氮气。

流速：1.8 mL/min。

（2）色谱分析

首先用微量进样器从进样口定量注入各六六六标准样，各2次。记录进样量、保留时间及峰高或面积，计算时用平均值，再用同样的方法对样品进行分析，并进行记录。

五、数据处理

(1) 以表格形式记录色谱的操作条件和标样测试结果。

(2) 以表格形式记录土样测定结果，并按下列公式计算六六六各异构体的量：

$$C_{样}/(\mu g/kg)=\frac{H_{样}\times C_{标}\times Q_{标}}{H_{标}\times Q_{样}\times R\times K}$$

式中 $C_{样}$——样品中六六六的含量，μg/kg；

$H_{样}$——样品中相应峰高，mm；

$H_{标}$——标准溶液峰高，mm；

$C_{标}$——标准溶液浓度，μg/L；

$Q_{标}$——标准溶液进样量，5 μL；

$Q_{样}$——样品进样量，5 μL；

R——相应化合物的添加回收率，%；

K——样品提取液的体积相当于样品的质量，kg/L，本法中

$$K=\frac{20.00\times(1-w)}{50}$$

式中 w——土壤中水分的质量分数，%。

六、注意事项

(1) 进样量要准确，进样动作要迅速，每次进样后，注射器一定要用石油醚洗净，最好用氮气流冲干净，避免样品互相污染，影响测定结果。

(2) 纯化时出现乳化现象可采用过滤、离心或反复滴液的方法解决。

(3) 如果土样中六六六异构体浓度较低，则纯化的石油醚提取液用 K-D 浓缩器浓缩至相应体积。

(4) 相应化合物的添加回收率，可用相应浓度的该化合物标样添加到土样中测定。

实验 23　土壤中镉的测定

一、实验目的与要求

掌握原子吸收光谱法的原理及测定镉的技术。

二、实验原理

土壤样品用 HNO_3-HF-$HClO_4$ 或 HCl-HNO_3-HF-$HClO_4$ 混酸体系消解后，将消解液直接喷入空气-乙炔火焰。在火焰中形成的镉(Cd)基态原子蒸气对光源发射的特征光产生吸收。测得样品吸光度扣除全程序试剂空白吸光度，从标准曲线查得镉含量，计算土壤中镉含量。

该方法适用于高背景土壤(必要时应消除基体干扰)和受污染土壤中镉的测定，方法检出限为 0.05～2.00 mg(Cd)/kg。

三、实验仪器与试剂

(1) 原子吸收分光光度计、空气-乙炔火焰原子化器、镉空心阴极灯。

(2) 仪器工作条件：测定波长 228.8 nm；通带宽度 1.3 nm；灯电流7.5 mA；火焰类型为空气-乙炔氧化型，蓝色火焰。

四、实验试剂

(1) 盐酸：优级纯。

(2) 硝酸：优级纯。

(3) 氢氟酸：优级纯。

(4) 高氯酸：优级纯。

(5) 镉标准贮备液：称取 0.500 g 金属镉粉(光谱纯)，溶于 25 mL(1＋5)硝酸(微热溶解)。冷却，移入 500 mL 容量瓶中，用去离子水稀释并定容。此溶液每毫升含 1.00 mg 镉。

(6) 镉标准使用液：吸取 10.00 mL 镉标准贮备液于 100 mL 容量瓶中，用水稀释至标线，摇匀备用。吸取 5.00 mL 稀释后的溶液于另一 100 mL 容量瓶中，用水稀释至标线，即得每毫升含 5.00 μg 镉的镉标准使用液。

五、实验步骤

(1) 土样溶液的制备：称取 0.500～1.000 g 土样于 25 mL 聚四氟乙烯坩

埚中，用少许水润湿，加入 10 mL 盐酸，在电热板上加热(<450 ℃)消解 2 h，然后加入 15 mL 硝酸，继续加热至溶解物剩余约 5 mL 时，再加入 5 mL 氢氟酸并加热分解除去硅化合物，最后加入 5 mL 高氯酸，加热至消解物呈淡黄色时打开盖，蒸至近干。取下冷却，加入(1+5)硝酸 1 mL，微热溶解残渣，移入 50 mL 容量瓶中，定容。同时进行全程序试剂空白试样。

(2) 标准曲线的绘制：分别吸取镉标准使用液 0、0.50 mL、1.00 mL、2.00 mL、3.00 mL、4.00 mL 于 6 个 50 mL 容量瓶中，用质量分数 0.2%的硝酸定容、摇匀。此标准系列分别含镉 0、0.5 μg/mL、0.10 μg/mL、0.20 μg/mL、0.30 μg/mL、0.40 μg/mL，测其吸光度，绘制标准曲线。

(3) 样品测定。

① 标准曲线法：按绘制标准曲线条件测定土样溶液的吸光度，扣除全程序试剂空白吸光度，查标准曲线并计算镉含量(以质量分数表示)：

$$w_{Cd}=\frac{m}{m_w}\ (mg/kg)$$

式中 m——从标准曲线上查得镉质量，μg；

m_w——称量土样干重，g。

② 标准加入法：各取土样溶液 5.00 mL 分别于 4 个 10 mL 容量瓶中，依次分别加入镉标准使用液(5.00 μg/mL)0、0.50 mL、1.00 mL、1.50 mL，用质量分数 0.2%的硝酸定容，设土样溶液镉质量浓度为 ρ_x，加标后镉质量浓度分别为 ρ_x、$\rho_x+\rho_s$、$\rho_x+2\rho_s$、$\rho_x+3\rho_s$，测得的吸光度分别为 A_x、A_1、A_2、A_3。绘制 A-ρ图，所得曲线不通过原点，其截距所反映的吸光度正是溶液中待测镉离子浓度的响应。外延曲线与横坐标相交，原点与交点的距离即为待测镉离子的质量浓度。

六、注意事项

(1) 土样消解过程中，加入高氯酸后必须防止将溶液蒸干，不慎蒸干时铁盐、铝盐可能形成难溶的氧化物而包藏镉，使结果偏低。注意：无水高氯酸容易爆炸。

(2) 镉的测定波长为 228.8 nm，该分析线处于紫外光区，易受光散射和分子吸收的干扰，特别是在 220.0～270.0 nm，NaCl 有强烈的分子吸收，覆盖了 228.8 nm 分析线。另外，钙、镁的分子吸收和光散射也很强。这些因素皆可造成镉的表观吸光度增大。为消除基体干扰，可在测量体系中加入适量基体改进剂，如在标准系列溶液和土样溶液中分别加入 0.5 g $La(NO_3)_3 \cdot 6H_2O$。此法适用于受镉污染土壤中的镉含量。

（3）高氯酸的纯度对空白值的影响很大，直接关系到测定结果的准确度，因此必须注意全程序试剂空白值的扣除，并尽量减少加入量，以降低空白值。

第5章 生物监测

实验24 水中细菌总数的测定

一、实验目的与要求

（1）了解水细菌学检验的卫生学意义和基本原理，掌握水中细菌总数的检验方法；

（2）了解平板菌落计数原则。

二、实验原理

水中细菌种类繁多，它们对营养和其他生长条件的要求各不相同，无法找到一种在某种条件下使水中所有细菌均能生长繁殖的培养基。因此，通常选择一种大部分细菌能生长的培养基，通过生长出来的菌落大致计算水中细菌总数。目前一般是采用普通肉膏蛋白胨琼脂培养基。

三、实验仪器与试剂

（1）高压蒸汽灭菌器。

（2）显微镜。

（3）灭菌水。

（4）肉膏蛋白胨琼脂培养基。

蛋白胨	10 g
牛肉膏	3 g
氧化钠	5 g
琼脂	15～20 g
蒸馏水	100 mL

将上述成分混合后，加热溶解，调整 pH 为 7.4～7.6，过滤，分装于玻璃容

器中，经 121 ℃高压蒸汽灭菌 20 min，置于冷暗处备用。

四、实验步骤

1. 水样的稀释

根据水被污染程度的不同，可用无菌吸管做 10 倍系列稀释。

2. 接种

以无菌操作方法用灭菌吸管吸取 1 mL 充分混匀的水样，注入灭菌平皿中，再倾注约 15 mL 已融化并冷却到 45 ℃左右的培养基，再立即转动平皿，使水样与培养基充分混匀。每个水样应倾注 3 个平皿。每次检验时另用 3 个平皿只倾注营养琼脂培养基作为空白对照。

3. 培养

待冷却凝固后，翻转平皿，使皿底向上，置于 37 ℃恒温箱内培养 24 h，进行菌落计数。3 个平皿中的平均菌落数即为水样 1 mL 中的细菌总数。

4. 菌落计数

做平皿菌落计数时，可用肉眼观察，必要时用放大镜检查，以防遗漏。在记下各平皿的菌落数后，应求出同稀释度的平均菌落数，供下一步计算时应用。在求同稀释度的平均菌落数时，若其中一个平皿有较大片状菌落生长时，则不宜采用，而应以无片状菌落生长的平皿作为该稀释度的平均菌落数；若片状菌落不到平皿的一半，而其余一半平皿中菌落数分布又很均匀，则可将此半皿计数后乘 2 以代表全皿菌落数，然后再求该稀释度的平均菌落数。

五、数据处理

1. 按各种不同情况进行计算

(1) 首先选择平均菌落数在 30～300 者进行计算，当有个稀释度的平均菌落数符合此范围时，则以该平均菌落数乘其稀释倍数报告(表 5-1 例 1)。

(2) 若有两个稀释度，其平均菌落数均为 30～300，则应按两者菌落总数之比值来决定。若其比值小于 2，应报告两者的平均数；若大于 2，则报告其中较小的菌落总数(表 1-24-1 例 2、例 3)。

(3) 若所有稀释度的平均菌落数均大于 300，则应按稀释度最高的平均菌落数乘以稀释倍数报告(表 1-24-1 例 4)。

(4) 若所有稀释度的平均菌落数均小于 30，则应按稀释度最低的平均菌落数乘以稀释倍数报告(表 1-24-1 例 5)。

(5) 若所有稀释度的平均菌落数均不在 30～300，则以最接近 300 或 30 的平均菌落数乘以稀释倍数报告(表 1-24-1 例 6)

2. 菌落计数的报告

菌落数在 100 以内时按实有数报告，大于 100 时，采用 2 位有效数字，在 2 位有效数字后面的数值，以四舍五入方法计算。为了缩短数字后面的零数，也可用 10 的指数来表示(如表中的“报告方式”栏)，报告菌落数为“无法计数”时，应注明水样的稀释倍数。

表 1-24-1 稀释度选择及菌落总数报告方式

例次	不同稀释度的平均菌落数			两个稀释度菌落数之比	菌落总数/(个/mL)	报告方式/(个/mL)
	−10	100	1 000			
1	1 365	164	20	—	16 400	16 000
2	2 760	295	46	1.6	37 750	38 000
3	2 890	271	60	2.2	27 100	27 100
4	150	30	8	2	1 500	1 500
5	无法计数	1 650	513	—	513 000	513 000

六、注意事项

(1) 严格无菌操作，防止污染。

(2) 根据水样污染程度选择稀释倍数，必要时做预实验。

实验 25　发光菌的生物毒性实验

（生物发光光度法）

一、实验目的与要求

（1）了解发光菌的生物毒性测试方法和基本原理；

（2）掌握发光菌的基本培养方法，生物毒性测定仪的基本结构和原理，并能进行正确的操作和使用。

二、实验原理

发光菌的生物毒性测试是 20 世纪 70 年代建立的生物测试方法。发光菌是一种海洋发光细菌，属非致病的革兰氏阴性兼性厌氧细菌，它们在适当条件培养后，能发出肉眼可见的蓝绿色光。细菌的发光过程是菌体内一种新陈代谢的生理过程，是呼吸链上的一个侧支，即菌体是借助活体细胞内的 ATP（三磷酸腺苷）、荧光素和荧光素酶发光的。综合化学反应过程为

$$FMNH_2 + RCHO + O_2 \xrightarrow{\text{细菌荧光酶}} FMN + RCOOH + H_2 + h\nu$$

该光波长为 490 nm 左右。这种发光过程极易受到外界条件影响。凡是干扰或损害细菌呼吸或生理过程的任何因素都能使细菌发光强度发生变化。当有毒物质与发光菌接触时，发光强度立即改变，并随着毒物浓度的增加而发光减弱。这种发光强度的变化，可用一种精密测光仪测定。中国科学院南京土壤研究所、华东师范大学生物学研究中心分别成功地研制了 DXY-2 型生物毒性测试仪和 SDJ-1 型生物发光光度计。

目前，国内外采用的发光细菌实验有三种测定方法：① 新鲜发光细菌培养测定法。② 发光细菌和海藻混合测定法。③ 冷冻干燥发光菌粉制剂测定法。本实验采用新鲜发光菌培养法或冷冻干燥发光菌粉制剂法检测环境样品的生物毒性。

三、实验仪器与试剂

（1）DXY-2 型生物毒性测试仪。

（2）恒温磁力搅拌器。

（3）培养液。

酵母浸出汁　　　　　　0.5 g

胰蛋白胨	0.5 g
NaCl	0.3 g
Na_2HPO_4	0.5 g
KH_2PO_4	0.1 g
甘油	0.3 g
蒸馏水	100 mL

pH 值调至 7±0.5，经 121 ℃、1 041.145 kPa 15 min 高压灭菌后置冰箱备用。

(4) 固体培养基。

上式培养液	100 mL
琼脂粉	2.0 g

pH 调至 7±0.5，经 121 ℃、1 041.145 kPa 15 min 高压灭菌后置冰箱备用。

(5) 稀释液。

3%NaCl 溶液	500 mL
2%NaCl 溶液	10 mL

(6) 参比毒物。0.02～0.24 mg/L $HgCl_2$ 系列标准溶液。

(7) 待测物。视需要而定(化学毒物或综合废水)。

(8) 实验生物。新鲜明亮发光杆菌(*photobaclerium phosphortum*)T3 变种或明亮发光杆菌冻干粉，均由中国科学院南京土壤研究所微生物室提供。

四、实验步骤

(一) 菌种准备

1. 发光细菌新鲜菌悬液的制备(第 1 法)

(1) 斜面菌种培养。测定前 48 h 取保存菌种，于新鲜斜面上接出第一代斜面，(20±0.5) ℃培养 24 h 立即转接第二代斜面，(20±0.5) ℃培养 12 h，再接出第三代斜面，(20±0.5) ℃培养 12 h 后备用。每次接种量不超过 1 接种耳。

(2) 摇瓶菌液培养。取第三代斜面菌种近 1 环，接种于装有 50 mL 培养液的 250 mL 三角瓶内，(20±0.5) ℃，184 r/min 下培养 12～14 h，备用。

(3) 将培养液稀释至每毫升 10^8～10^9 个细胞，初始发光度不低于 800 mV，置冰浴中备用。

2. 菌液复苏(第 2 法)

取冷藏的发光菌冻干粉，置冰浴中，加入 0.5 mL 冷的 2%NaCl 溶液充分摇匀，复苏 2 min，使其具有微微绿光，初始发光度不低于 800 mV。

（二）样品采集与处理

1. 水样

（1）从不同工业废水的各排放口，每 4 h 采样一次，每次取样后于 4 ℃保存，连续采集 24 h 后，均匀混合后备用。

（2）纳污水体取其入口、中心、出口三个断面混合水样备用。

（3）以同上方法采集清洁水，作空白对照。

浊度大的污水，需静置后取上清液。一般样品不需加任何处理。水样按 3%比例投加 NaCl，置冰箱备用。

2. 气体样品

以大气采样法采取一定体积的大气样品，通过气体吸收液（5 mL）吸收，按 3%比例投加 NaCl，置冰箱备用，同法收集清洁空气作为对照组。

3. 固体样品

取固体废弃物，按《工业固体废物有害特性试验与监测分析方法》制备浸出液，取上清液，按 3%比例投加 NaCl，置冰箱备用。

（三）实验浓度的选择

在预备实验的浓度范围内，按等对数间距或百分浓度取 3～5 个实验浓度，设空白对照和参比毒物系列浓度组。

（四）发光细菌法生物毒性测定

1. 工业废水或有毒物质的生物毒性测定

（1）发光菌悬液初始发光度测定。取 4.9 mL 3%NaCl 溶液于比色管内，加新鲜发光菌悬液或冻干粉复苏菌悬液 10 μL，若测量发光度在 800 mV 以上，允许置冰浴中备用。

（2）取已处理待测废水样品，按等对数间距或百分浓度编号，并注明采集点。

（3）按表 1-25-1 依次加入稀释液、待测水样及参比毒物系列浓度溶液。

（4）打开生物毒性测试仪电源，预热 15 min，调零点，备用。

（5）每管加入菌悬液 10 μL，准确作用 5 min 或 15 min，依次测定其发光强度，记录毫伏数。

每个浓度设 3 管重复。

表 1-25-1 发光强度测试管加试液量(适用测试管 5 mL 的仪器)

水样	工业废水						参比毒物 Hg^{2+} 溶液					
水样测试管编号	1	2	3	4	5	6	1	2	3	4	5	6
稀释液/mL	4.99	4.89	4.81	4.67	4.43	3.99	4.99	4.94	4.84	4.69	4.54	4.39
废水样/mL	0.00	0.10	0.18	0.32	0.56	1.00	0.00	0.05	0.15	0.30	0.45	0.60
发光菌悬液/mL	0.01	0.01	0.01	0.01	0.01	0.01	0.01	0.01	0.01	0.01	0.01	0.01

2. 工业废气(或有害气体)的生物毒性测定

(1) 气体直接通入法。用注射器直接注入气体于菌悬液中,经 10～20 min测定发光菌强度的变化。

(2) 气体吸收法。方法同工业废水测定法。

(3) 固体菌落法。挑选固态培养对数生长期的发光单菌落,连同培养基切下,置比色管内,测定初始发光强度,然后用注射器将待测气体注入菌苔表面,经 10～20 min 后测定发光强度的变化。

五、数据处理

1. 记录工业废水、废气的生物毒性实验数据并计算

(1) 相对发光率或相对抑光率计算公式:

$$相对发光率\ T/\% = \frac{样品发光强度}{对照发光强度} \times 100\%$$

$$相对抑光率\ T/\% = \frac{(对照发光强度-样品发光强度)}{对照发光强度} \times 100\%$$

(2) EC_{50} 值

在半对数坐标纸上,以对数浓度为横坐标,以相对抑光率或相对发光率为纵坐标,作图求得 EC_{50} 值。

2. 处理与评价

(1) 建立相对抑光率与参比毒物系列浓度的回归方程,求出样品的生物毒性相当于参比毒性的水平,以评价待测样品的生物毒性。

(2) 以 EC_{50} 值评定样品的生物毒性水平。

六、注意事项

(1) 斜面菌种、摇瓶菌液避光于黑暗中保存。

(2) 在转换培养中,菌种接种量不得超过 1 环,过多影响发光度。

(3) 比色管、容量瓶应用(1+1)硝酸洗涤。

第6章 物理污染监测

实验26 环境噪声监测

一、目的和要求

(1) 掌握环境噪声的监测方法。

(2) 掌握声级计的使用方法。

(3) 掌握对非稳态的无规噪声监测数据的处理方法。

二、实验原理

1. 区域环境噪声的监测

将全区域划分成不少于100个网格,测点选在网格中心,若中心点不宜测量,可移至附近可以进行测量的位置。

2. 城市交通噪声的监测

在每两个交通路口之间的交通线上先设一个测点,在马路边人行道上(一般距马路沿20 cm)所测噪声可代表两个路口之间的该段马路的交通噪声。

3. 工业企业噪声监测

在测量工业企业噪声时,应将传声器放在操作人员的耳朵位置(人离开)。若车间内各处A声级相差不大(小于3 dB),则只需在车间内选择1～3个测点。若车间各处声级波动较大(大于3 dB),只需按声级大小,将车间分成若干区域,任意两个区域的声级差应大于或等于3 dB,每个区域内的声级波动必须小于3 dB,每个区域取1～3个测点。这些区域必须包括所有工人经常工作和活动的地点、范围。

三、实验仪器与试剂

1. 校准

基本测量仪器为精密声级计,测量前,对使用的传声器要进行校准,并要检查声级计电池电压是否足够，测量后要求复校一次，前后灵敏度相差不大于 2 dB。

2. 测量条件

(1) 要求在无雨无雪的天气条件下进行操作，声级计应保持传声器膜片清洁。风力在三级以上必须加风罩，以免风噪声干扰。五级以上大风应停止测量。

(2) 将声级计固定在三脚架上，声级计离地面 1.2 m，传声器指向被测声源。声级计应尽量远离人身，以减少人身对测量的影响。

四、实验步骤

(1) 将某一地区划分为 25 m×25 m 的网格，测量点选在每个网格的中心，若中心点的位置不宜测量，可移到旁边能够测量的位置。

(2) 按顺序到各网点测量，时间从 8:00～17:00，每一网格至少测量四次，时间间隔尽可能相同。

(3) 读数方式用慢挡，每隔 5 s 读一个瞬时 A 声级，连读读取 200 个数据。读数同时要判断和记录附近主要噪声来源(如交通噪声、施工噪声、工厂或车间噪声、锅炉噪声……)

声级计置于慢格，每隔 5 s 读一个瞬时 A 声级，对每一个测量点，连续读取 100 个数据(当噪声较大时应取 200 个数据)。读数的同时，要判断测点附近的主要噪声来源(如交通噪声、工厂噪声、施工噪声、居民噪声或其他声源等)，记录周围声学环境。

五、数据处理

由于环境噪声是随时间起伏的无规则噪声，测量结果一般用统计值或等效声级表示，本实验用等效声级表示。

(1) 累计分布值 L_{10}、L_{50}、L_{90} 与标准偏差 δ。

L_{10} 表示有 10%的时间超过的噪声级，相当于噪声的平均峰值。

L_{50} 表示有 50%的时间超过的噪声级，相当于噪声的平均值。

L_{90} 表示有 90%的时间超过的噪声级，相当于噪声的本底值。

(2) 将所测得的 200 个数据由大到小顺序排列，找出第 10%个数据即为 L_{10}，第 50%个数据即为 L_{50}，第 90%个数据即为 L_{90}，并按下式求出等效声级 L_{eq} 以及标准偏差 δ。

$$L_{eq} = 10 \times \lg\left(\frac{1}{100}\sum_{i=1}^{100} 10^{\frac{L_i}{10}}\right)$$

若符合正态分布，则

$$L_{eq} = L_{50} + d^2/60$$

其中

$$d=L_{10}-L_{90}$$

（3）测量最终结果可以用区域噪声污染图来表示，为便于制图，白天的时间是从 6:00 到 22:00，共 16 小时；夜间是从 22:00 到 6:00，共 8 小时。

全市测量结果应列出所有监测点各次的 L_{10}、L_{50}、L_{90}、L_{eq}值，列入表1-26-1并求其平均值，并以 L_{eq}的算术平均值作为该网点的环境噪声评价量。

表 1-26-1　监测数据列表

	时分	时分	时分	平均值
L_{10}/dB(A)				
L_{50}/dB(A)				
L_{90}/dB(A)				
L_{eq}/dB(A)				
δ/dB(A)				

五、注意事项

（1）声级计的品种很多，事先仔细阅读使用说明书。

（2）声级计使用的电池电压不足时应更换电池。更换时，电源开关应置于“关”，长时间不用应将电池取出。

（3）每次测量前均应仔细校准声级计。

（4）在测量中改变任何开关位置后都必须按一下复位按钮，以消除开关换挡时可能引起的干扰。

（5）测量天气条件应无雨雪，为防止风噪声对仪器的影响，在户外测量时要在传声器上装上风罩，风力超过 4 级时应停止测量。传声器的护罩不能随意拆下。

（6）目前大多声级计具有数据自动整理功能，作为练习希望能记录数据后，进行手工计算。

六、思考题

（1）影响噪声测定的因素有哪些？如何注意？

（2）根据监测结果及所在地区的噪声执行标准分析所测点噪声是否超标？并分析超标原因。

实验 27 光污染监测

一、实验目的与要求

(1) 掌握光污染监测仪器的使用方法和光污染的监测技术；

(2) 参考《室内照明测量方法》《道路照明的照度测量概述》，了解照度计的使用方法等有关内容。

二、测量条件

(1) 根据需要，打开必要的光源，排除其他无关光源的影响。

(2) 测量照度时应待光源的光输出稳定后再进行测量。

三、测量步骤

(1) 打开电源。

(2) 打开光检测器盖子，并将光检测器水平放在测量位置。

(3) 选择合适测量挡位。如果显示屏左端只显示“1”，表示照度过量，需要按下量程键，调整测量倍数。

(4) 照度计开始工作，并在显示屏上显示照度值。

(5) 显示屏上显示值不断变动，当显示值比较稳定时，按下 HOLD 键，锁定数据。

(6) 读取并记录显示屏中显示值。测量值等于显示屏中显示值与量程值的乘积。例如：显示屏上显示 500，右下角显示状态为“×2 000”，则照度为 1 000 000 lx，即 500×2 000 lx。

(7) 再按一下 HOLD 键，取消读值锁定功能。

(8) 每次测量时，连续读数 3 次并记录。

(9) 每次测量完成后，按下电源开关键，切断电源。

(10) 盖上光检测器盖子，并放回盒里。

四、数据处理

1) 测量结果应记入事先准备好的表格。

2) 测量记录应包括以下内容：

(1) 测量日期时间、气候条件、测量人员姓名。

(2) 测量地点测量位置(包括城市、街道、路段名称等)。

（3）测量现场条件（包括环境条件、供电条件等）。

（4）采用光源的种类、功率、总数。

（5）标有尺寸的照度测点位置图。

（6）测点高度。

（7）各测点的照度测量值。

（8）平均照度及照度均匀度计算结果。

（9）照度计型号、编号、检定日期。

五、注意事项

（1）测量时，照度计先用大量程挡，然后根据显示值的大小逐渐找到合适的挡位，原则上不允许显示值在最大量程 1/10 范围内读数。

（2）照度显示值稳定后才能读数。数字式照度计显示的读数，最后一位有时不稳定，应该记录出现次数较多的数字。

（3）测量人员宜着深色服装，防止测量人员、周围其他人的身影对接收器的影响。

（4）在测量中宜使电源电压保持稳定，在额定电压下测量；如果做不到，应测量电源电压，当与额定电压不符时，应按电压偏差对光通量的变化予以修正。

（5）为提高测量的准确性，一个测点可取 2～3 次读数，然后取其平均值。

（6）为了清晰地表示剖面上和平面上的照度分布，可根据测量值绘制各剖面的照度曲线或平面上的等照度曲线。

第二部分

环境监测综合设计型实验

实验 28　区域空气质量监测

一、实验目的与要求

(1) 了解区域环境空气质量监测的全过程,包括现场调查、监测计划设计、优化布点、样品采集、运送保存、分析测试、数据处理、综合评价等;

(2) 对校园环境空气质量进行监测。掌握环境空气中各种指标与污染物的测定方法;

(3) 学会应用环境质量标准评价校园环境质量。

二、基础资料的收集

1. 监测区域污染源分布及排放情况

(1) 固定污染源:商业中心的饭店、大排档排放的油烟;学生食堂排放的油烟;实验区化学实验室通风系统向外排放的有毒有害气体;体育场的扬尘;建筑工地排放的扬尘;教学区空调排放的废气。

排放情况:排放时间一般是在中午吃饭前后。教学区空调排放的废气主要在学生上课时段。实验室通风系统向外排放的有毒有害气体,排放时间一般在学生上实验课时段。

(2) 流动污染源:紧靠商业区周边道路上的汽车尾气排放碳、氮、硫的氧化物,碳氢化合物、铅化物、黑烟和汽车经过道路时扬起的尘粒。

排放情况:排放时间一般在上午 8:00～9:00,中午 11:30～13:30,下午 16:30～17:30。

2. 监测区域地形资料

校园所处位置地势低平,位于大学城中环路旁,在高速路口与大学城各道路的交叉路口旁,并且靠近大学城中部枢纽交通点。因此此处交通繁忙,人群密集。

三、监测区域采样点的布设

采用功能区布点法,将校园按功能划分为实验区、教学区、生活商业区,各区设置一个采样点。

四、采样时间及测定项目

拟定监测时间为 2 天,采用瞬时采样,一天采样 2 次,每次采样 1 h,相隔

4 h一次。测定项目见表 2-28-1。

表 2-28-1 采样时间及测定项目

采样时段	监测地点	监测项目 SO、NO_x、TSP、甲醛
11:00	生活、商业区	
15:30		
11:00	实验区	
15:30		
11:00	教学区	
15:30		
备注	连续采样 4 h	

五、拟采用的评价标准

校园环境为城市规划中确定的居民区、商业交通居民混合区、文化区。本监测方案选用《环境空气质量标准》(GB 3095—2012)Ⅱ级标准限值作为评价标准。

六、监测项目和方法

根据校园及其周边监测区域大气污染源情况并结合环境空气质量标准，拟选择监测项目二氧化硫、氮氧化物、TSP、甲醛四项。

监测项目所用方法：按国家标准《空气与废气监测分析方法》《环境监测技术规范》中大气部分的规定执行。具体方法见表 2-28-2。

表 2-28-2 监测项目和方法

监测项目	采集方法	流量/(L/min)	采样时间/(h/次)	分析方法	检出下限/(mg/m³)
SO_2	溶液吸收法	0.4	1	甲醛吸收-盐酸副玫瑰苯胺分光光度法	0.05
NO_x	溶液吸收法	0.4	1	盐酸萘乙二胺分光光度法	0.01
TSP	滤膜阻流法	67	4 h连续	称量法	
甲醛	电化学传感法			便携甲醛仪	

七、数据处理与监测报告

按照本方案实施全过程监测，根据测定结果进行监测区域空气质量评价，并提交监测报告。

实验29 河流环境质量基础调查

一、实验目的与要求

某地需要开发，附近有一河流，由于该河流缺乏水质基础数据，所以作为评价需要，对河流进行环境质量基础调查，作为今后开发的本底资料。

二、组织和分工

基础调查是一项工作量大、涉及面广的工作，需要组织10人左右成立一个小组，需讨论分工，形成一个完整的团队。

三、调查方案的制订

(1) 现场初步调查：确定调查范围，河流长度，河流的对照断面、控制断面及削减断面点位，并做标记。确定河流两岸控制区域范围，说明理由。

(2) 制订监测方案：除常规监测指标（pH、氨氮硝酸盐、亚硝酸盐挥发酚、氰化物、砷、汞、六价铬、总硬度、铅、氟、镉、铁、锰、溶解固体物、高锰酸盐指数、硫酸盐、氯化物、大肠菌群，以及反映本地区主要水质问题的其他指标）以外，考虑是否需要增加控制指标（与开发地区功能有关）。

(3) 河流断面测定：采用低速流速仪，在断面处测定河流的宽度和深度，画出河流断面图。

(4) 列出测定深度及点位（事先画好图），以及测定流量的方法。测定位置可以在固定的桥上，也可以在船上，如在船上，必须制订固定船位置的方法。

(5) 采样仪器、设备的清单及准备。

四、实施

按计划和分工实施监测，如现场发现问题，按预案或实际情况进行调整。将采样在现场固定，带回实验室及时分析，进行实验室质量控制，整理数据，分析及讨论。

五、报告的编写

按照生态环境部有关要求，编写一份完整的河流环境质量报告书。

实验 30 辐射环境监测

一、实验目的和要求

掌握测定学生宿舍电脑电磁辐射环境监测的方法;掌握电磁辐射分析仪的使用。

二、实验仪器

(1) EMR300 电磁辐射分析仪。

(2) 使用一年左右的 4 台联想品牌台式电脑。

(3) 一间与学生宿舍面积相近的实验室。

三、测量条件

关闭或清除实验室能产生电磁辐射的一切仪器和物品(如实验仪器、手机、日光灯等)。

四、步骤

1. 布点

布设 5 个监测点,其距离地面垂直高度 1.2 m,水平位置分别为:① 房间正中央;② 同一水平高度,以此位置为圆心,1.5～2 m 为半径的圆周上等距分布的 4 点。此 5 个点与实验室内任一台电脑距离 0.5 m 以上,从而使监测值为环境电场强度,而不是近距离接触辐射源的辐射强度。

2. 监测

打开 4 台台式电脑,1 h 后测定 5 个监测点的电磁辐射强度。

五、数据处理

1. 评价量

记录 5 个监测点的电场强度测量值(V/m),计算平均值,作为环境电磁辐射强度。

2. 评价标准

按照《电磁环境控制限值》(GB 8702—2014)进行评价。为控制电场、磁场、电磁场所致公众曝露,环境中电场、磁场、电磁场场量参数的方均根值应满足表 2-30-1 要求。

表 2-30-1 公众曝露控制限值

频率范围	电场强度 E /(V/m)	磁场强度 H /(A/m)	磁感应强度 B /μT	等效平面波功率密度 S_{eq}/(W/m²)
1 Hz～8 Hz	8 000	$32\ 000/f^2$	$40\ 000/f^2$	—
8 Hz～25 Hz	8 000	$4\ 000/f$	$5\ 000/f$	—
0.025 kHz～1.2 kHz	$200/f$	$4/f$	$5/f$	—
1.2 kHz～2.9 kHz	$200/f$	3.3	4.1	—
2.9 kHz～57 kHz	70	$10/f$	$12/f$	—
57 kHz～100 kHz	$4\ 000/f$	$10/f$	$12/f$	—
0.1 MHZ～3 MHZ	40	0.1	0.12	4
3 MHz～30 MHz	$67/f^{1/2}$	$0.17/f^{1/2}$	$0.21/f^{1/2}$	$12/f$
30 MHz～3 000 MHz	12	0.032	0.04	0.4
3 000 MHz～15 000 MHz	$022f^{1/2}$	$0.000\ 59f^{1/2}$	$0.000\ 74f^{1/2}$	$f/7\ 500$
15 GHz～300 GHz	27	0.073	0.092	2

注:1. 频率 f 的单位为所在行中第一栏的单位。电场强度限值与频率变化关系见图 2-30-1,磁感应强度限值与频率变化关系见图 2-30-2。

2. 0.1 MHz～300 GHz 频率,场量参数是任意连续 6 min 内的方均根值。

3. 100 kHz 以下频率,需同时限制电场强度和磁感应强度;100 kHz 以上频率,在远场区,可以只限制电场强度或磁场强度,或等效平面波功率密度,在近场区,需同时限制电场强度和磁场强度。

4. 架空输电线路线下的耕地、园地、牧草地、畜禽饲养地、养殖水面、道路等场所,其频率 50 Hz 的电场强度控制限值为 10 kV/m,且应给出警示和防护指示标志。

对于脉冲电磁波,除满足上述要求外,其功率密度的瞬时峰值不得超过表2-30-1中所列限值的 1 000 倍,或场强的瞬时峰值不得超过表 2-30-1 中所列限值的 32 倍。

六、注意事项

(1) 电磁辐射分析仪有多种品种,凡是用于 EMC(电磁兼容)、EMI(电磁干扰)目的的测试接收机都可用于环境电磁辐射监测。使用仪器应经计量标准定期鉴定。

(2) 学生宿舍环境电磁辐射源不仅仅是电脑,还有与学生长时间、近距离接触的电器如床头台灯、床头电子闹钟等。因此仅测量电脑环境电磁辐射强度,不能完全判断长期处于宿舍环境中的大学生这一群体是否受到了电磁辐射危害。

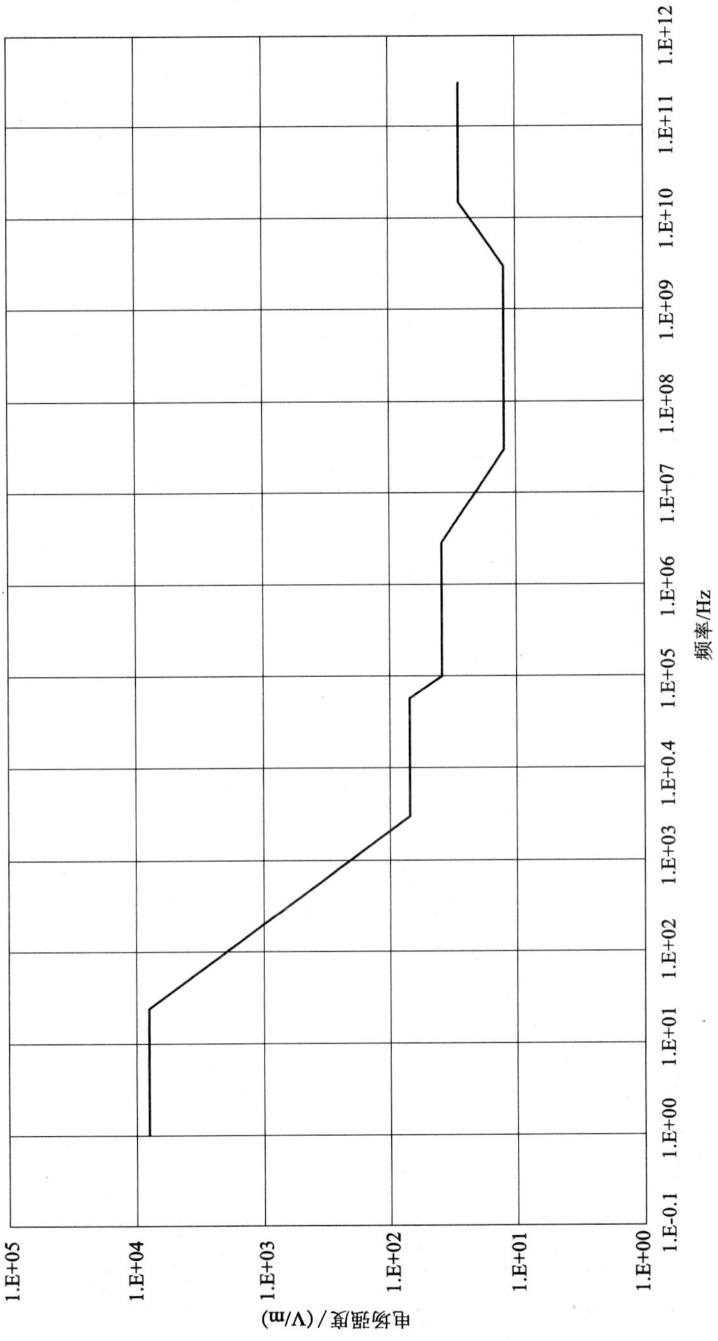

图 2-30-1　公众曝露电场强度控制限值与频率关系

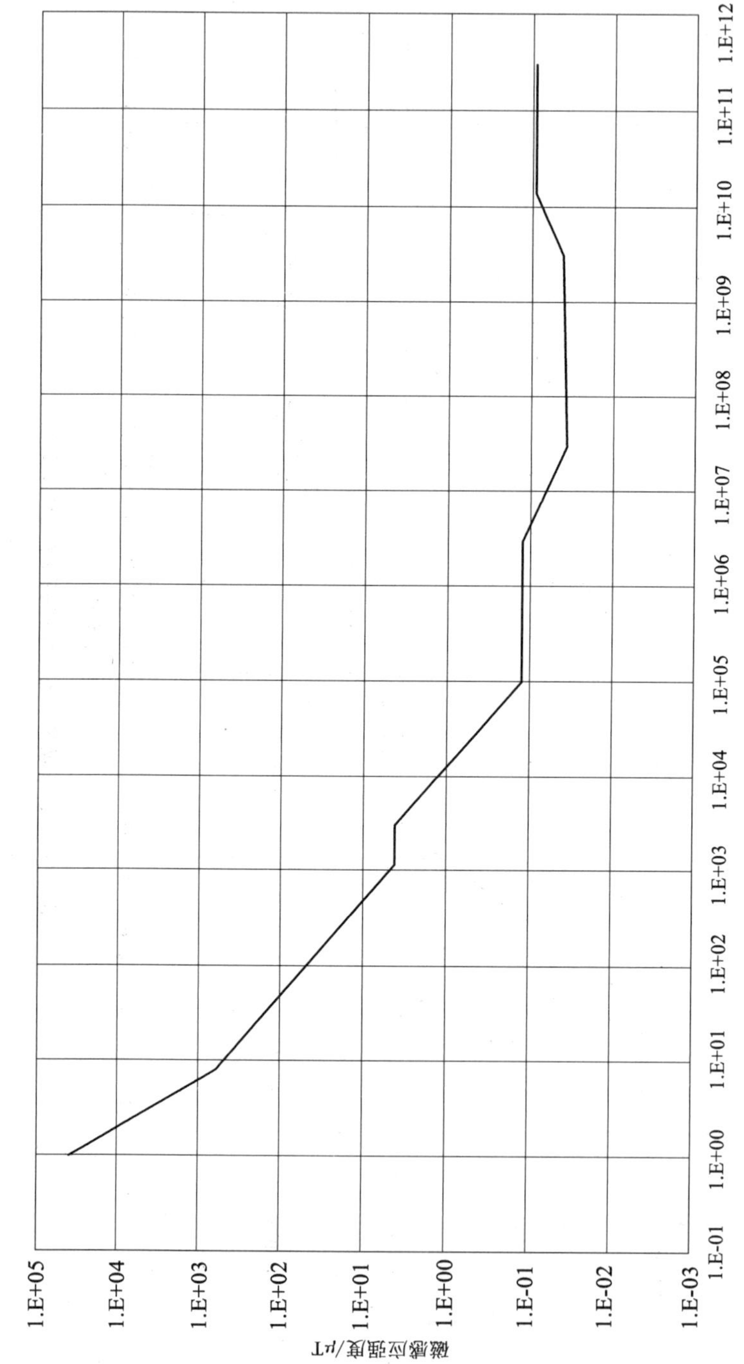

图 2-30-2 公众曝露磁感应强度控制限值与频率关系

七、思考题

（1）设计实验方案，测定电脑操作时处于不同位置所受电脑电磁辐射强度的大小。

（2）设计实验方案，比较台式机和笔记本电脑电磁辐射强度的大小。

实验31 头发中汞含量的测定

(原子荧光光度法)

一、实验目的与要求

(1) 了解汞的危害;

(2) 掌握汞的测定方法。

二、概述

汞及其化合物属于剧毒物质,主要来源于金属冶炼、仪器仪表制造、食盐电解及军工等废水。进入水体的无机汞离子可转变为毒性更大的有机汞,经食物链进入人体,在体内蓄积,引起全身中毒。汞含量是我国实施排放总量控制的指标之一。

三、实验原理

汞是唯一常温下呈液态的金属,且有较大的蒸气压,原子荧光光度计利用汞蒸气对光源发射的253.7 nm谱线具有特征吸收来测定汞含量。

样品中的汞离子被还原剂还原为单质汞,再汽化成汞蒸气。其基态汞原子受到波长为253.7 nm的紫外光激发,当激发态汞原子被激发时便辐射出相同波长的荧光。在给定的条件下和较低的浓度范围内,荧光强度与汞的浓度成正比。

三、实验仪器与试剂

1. 实验仪器

原子荧光光度仪(图2-31-1):AFS-310型。

图2-31-1 原子荧光光度仪

2. 实验试剂

(1) 浓硫酸:优级纯。

(2) 浓硝酸:优级纯。

(3) 浓盐酸:优级纯。

(4) 5%高锰酸钾溶液:称取分析纯高锰酸钾 5 g,溶于蒸馏水中,用水稀释至 100 mL。

(5) 10%盐酸羟胺溶液:称取 10 g 盐酸羟胺(NH_2OHHCl) 溶于蒸馏水中稀释至 100 mL(以 2.5 L/min 的流量通氮气或干净空气 30 min,以驱除微量汞)。

(6) 汞标准贮备液:直接购买汞标准贮备液。

(7) 汞标准使用液:将购买的汞标准贮备液用(1+1)盐酸溶液稀释成含汞 0.10 μg/mL 的汞标准使用液。

(8) 0.7%硼氢化钾溶液:称取 7 g 硼氢化钾于预先加有 2 g 氢氧化钾的 200 mL 去离子水中用玻棒搅拌溶解后,再用脱脂棉过滤,稀释至 1 000 mL。此溶液临用时配制。

(9) (1+1) 盐酸溶液:取 1 份浓盐酸缓慢加入同体积的水中,混匀。

(10) 乙醚。

(11) 中性洗涤剂。

四、实验步骤

1. 发样预处理

将发样用 50 ℃中性洗涤剂水溶液洗 15 min,然后用乙醚浸洗 5 min。上述过程目的是去除油脂污染物。将洗净的发样在空气中晾干,用不锈钢剪刀剪成 3 mm 长,保存备用。

2. 发样消解

准确称取 30～50 mg 洗净的干燥发样于 50 mL 烧杯中,加入 5%高锰酸钾溶液 8 mL,小心加入浓硫酸 5 mL,盖上表面皿。于电热板上小心加热至发样完全消解,如消解过程中紫红色消失应立即补充滴加高锰酸钾溶液,保持紫红色不退。冷却后,滴加 10%盐酸羟胺溶液至紫红色刚消失,以除去过量的高锰酸钾,所得溶液不应有黑色残留物(有可能有白色残留物),稍静置(去氯气),转移至 25 mL 容量瓶中,用水稀释至标线,待测。

3. 空白试验

不加发样,其余操作与发样消解操作步骤相同。做空白试验。

4. 标准曲线的绘制

汞标准系列的配制：先将汞标准贮备液稀释成浓度为 0.1 μg/mL 的标准溶液，用此溶液按表 2-31-1 配制成标准系列。

可根据实际样品的浓度范围配制合适浓度的标准系列，溶液体积也可以根据实际需要配制。溶液最终用去离子水定容。

加溶液的顺序：先加少量去离子水，再加(1＋1)盐酸，再加标准溶液，最后用去离子水定容。取 10 mL 待测液倒入仪器进样试液管，经自动进样器进样测定，以荧光强度对汞浓度作标准曲线。

仪器条件及参数选择：按仪器使用说明书的有关规定选择最佳测量条件和参数。

表 2-31-1 标准系列配制

溶液序号	加入 0.1 μg/mL 标准溶液体积/mL	加入(1＋1) 盐酸体积/mL	最终体积/mL	最终汞的浓度/(μg/g)
1	0	10	100	0
2	0.10	10	100	0.10
3	0.20	10	100	0.20
4	0.40	10	100	0.40
5	0.80	10	100	0.80
6	1.00	10	100	1.00

5. 发样的测定

将上述消解处理后的发样样品取适量上清液测定。标准曲线所得到的发样浓度扣除空白试验所得到的浓度即为所求。

五、计算

$$\text{头发汞含量}/(\mu g/g)=\frac{\text{查标准曲线所得到的对应含量}/\mu g}{\text{发样质量}/g}$$

六、注意事项

(1) 消解是本实验的重要步骤，也是容易出错的步骤，必须仔细操作。

(2) 由于方法灵敏度很高，因此实验室环境和试剂纯度要求很高，应予注意。

实验 32　水样中常见阴离子含量的测定

（离子色谱法）

一、实验目的与要求

（1）了解阴离子的基本概念；

（2）掌握阴离子含量的测定方法。

二、概述

离子色谱（简称 IC）法是分析离子的液相色谱法，是一种离子分离的新技术。它利用离子交换的原理，连续对共存多种阴离子或阳离子和有机酸进行分离后，导入检测装置进行定性分析和定量测定。

离子色谱法可用于测定氟离子、氯离子、溴离子、亚硝酸根离子、硝酸根离子、硫酸根离子和磷酸氢根离子等无机阴离子，也可以测定锂离子、钠离子、钾离子、钙离子、镁离子等无机阳离子，还可以测定甲酸、乙酸、丙酸等有机酸。

二、实验原理

离子色谱法测定水样中无机阴离子是利用离子交换的原理，连续对多种阴离子进行定性和定量分析。水样注入 $NaHCO_3$ Na_2CO_3 溶液并流经系列的离子交换树脂，基于待测阴离子对低容量强碱性阴离子树脂（即分离柱）的相对亲和力不同而彼此分开。被分开的阴离子，在流经强酸性阳离子树脂（即抑制柱）时，被转换为高电导的酸型，$NaHCO_3$-Na_2CO_3 则转变为弱电导的碳酸（清除背景电导）。用电导检测器测量被转变为相应酸型的阴离子，与标准进行比较，根据保留时间定性，峰高峰面积定量。一次进样可连续测定七种无机阴离子（F^-、Cl^-、NO_2^-、NO_3^-、Br^-、$H_2PO_4^-$、SO_4^{2-}）。

干扰及消除：当水的负峰干扰 F^- 或 Cl^- 的测定时，用 1 mL 淋洗贮备液来消除水负峰的干扰。

方法的适用范围：本方法适用于地表水、地下水水中无机阴离子的测定。

一、仪器与试剂

1. 仪器

（1）离子色谱仪（图 2-32-1）。

（2）微孔滤膜过滤器（溶剂瓶两套）。

(3) 真空泵。

(4) 预处理柱(包括去阳离子柱和去有机物的碳 18 柱),市售。

(5) 5 mL 注射器。

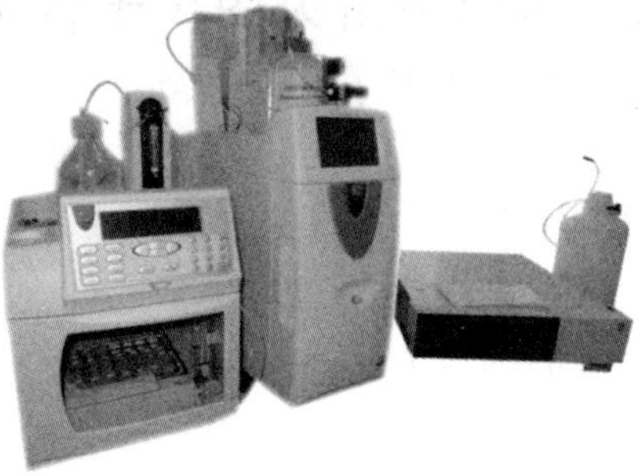

图 2-32-1 离子色谱仪

2. 试剂

(1) 高纯度纯水。经 0.45 μm 微孔滤膜过滤。

(2) 试剂:氟化钠、氯化钠、溴化钠、硫酸钾、亚硝酸钠、磷酸氢二钠、硝酸钠、碳酸钠、碳酸氢钠、浓硫酸等均为优级纯。

(3) 标准贮备液的制备:分别称取 105 ℃下烘干 2 h 保存在干燥器内的下列试剂:NaF(2.210 0 g)、NaCl(1.648 5 g)、NaBr(1.287 9 g)、K_2SO_4(1.814 2 g)、$NaNO_2$(1.370 8 g),保存在干燥器内干燥 24 h 的试剂 $NaNO_3$(1.499 8 g)、Na_2HPO_4(1.479 1 g)。将上述称好的试剂分别于 50 mL 烧杯中溶于水,转移到 1 000 mL 容量瓶中,然后各加入 10.00 mL 洗脱贮备液,并用水稀释至刻度,摇匀,保存于聚乙烯瓶中,放冰箱中 4 ℃保存。7 种标准贮备液中各阴离子的浓度均为 1.00 mg/mL。

(4) 混合标准使用液(1)的配制:按表 2-32-1 取各离子标准贮备液于 100 mL容量瓶中,用水定容至刻度。

表 2-32-1 混合标准使用液(1)

离子名称	F^-	Cl^-	NO_2^-	Br^-	NO_3^-	HPO_4^{2-}	SO_4^{2-}
取标准贮备液体积/mL	0.50	1.00	2.00	2.00	4.00	5.00	5.00
加淋洗贮备液体积/mL				1.00			
定容体积/mL	100						
各离子浓度/(mg/L)	5.00	10.00	20.00	20.00	40.00	50.00	50.00

(5) 混合标准使用液(2)的配制，按表 2-32-2 取各离子标准贮备液于 100 mL容量瓶中，用水定容至刻度。

表 2-32-2　混合标准使用液(2)

离子名称	F^-	Cl^-	NO_2^-	Br^-	NO_3^-	HPO_4^{2-}	SO_4^{2-}
取混标①(1)体积/(mL)	20.00	20.00	20.00	20.00	10.00	10.00	10.00
加淋洗贮备液体积/(mL)				1.00			
定容体积/(mL)				100			
混标(2)各离子浓度/(mg/L)	1.00	2.00	4.00	2.00	8.00	10.00	10.00

注：① 混合标准使用液，简称混标。

(6) 淋洗贮备液($NaHCO_3$-Na_2CO_3)的配制：分别称取 14.282 g $NaHCO_3$和 19.078 g Na_2CO_3(于 105 ℃下烘干 2 h，保存在干燥器内)，溶于水中，并转移到 1 000 mL 容量瓶中，用水稀释至刻度，摇匀。该洗脱贮备液中 $NaHCO_3$的浓度为 0.17 mol/L，Na_2CO_3 浓度为 0.18 mol/L。用聚乙烯瓶在冰箱中 4 ℃保存。

(7) 淋洗使用液的配制：吸取上述淋洗贮备液 10.00 mL 于 1 000 mL 容量瓶中，用水稀释至刻度，摇匀，即得 0.001 7 mol/L $NaHCO_3$-0.001 8 mol/L Na_2CO_3 洗脱液，使用前用 0.45 μm 微孔滤膜在溶剂瓶过滤(脱气)后才可以使用。临用时配制。

(8) 再生液的配制：准确量取 1.39 mL 浓硫酸于 100 mL 水中，冷却后转移到 1 000 mL 容量瓶中，用纯水稀释至刻度，摇匀，浓度为 0.05 mol/L。

四、实验步骤

1. 混合标准系列配制

按表 2-32-2 分别量取溶液于 6 个 50 mL 容量瓶中，各加入 0.5 mL 淋洗贮备液，用水定容至刻度。配制后的混合标准系列见表 2-32-3 和表 2-32-4。

表 2-32-3　混合标准系列

标准系列序号	取用量/mL	各离子浓度/(mg/L)						
		F^-	Cl^-	NO_2^-	Br^-	NO_3^-	HPO_4^{2-}	SO_4^{2-}
1	取自混标(2) 5.00	0.10	0.20	0.40	0.40	0.80	1.00	1.00
2	取自混标(2) 10.00	0.20	0.40	0.80	0.80	1.60	2.00	2.00
3	混标(1) 5.00	0.50	1.00	2.00	2.00	4.00	5.00	5.00

表 2-32-3(续)

标准系列序号	取用量/mL	各离子浓度/(mg/L)						
		F^-	Cl^-	NO_2^-	Br^-	NO_3^-	HPO_4^{2-}	SO_4^{2-}
4	混标(2)	1.00	2.00	4.00	4.00	8.00	10.00	10.00
5	混标(1) 30.00	3.00	6.00	12.00	12.00	24.00	30.00	30.00
6	混标(1)	5.00	10.00	20.00	20.00	40.0	50.00	50.00

表 2-32-4 标准系列配制浓度汇总

离子	Level 1	Level 2	Level 3	Level 4	Level 5	Level 6
F^-	0.1	0.2	0.5	1	3	5
Cl^-	0.2	0.4	1	2	6	10
NO_2^-	0.4	0.8	2	4	12	20
Br^-	0.4	0.8	2	4	12	20
NO_3^-	0.8	1.6	4	8	24	40
HPO_4^{2-}	1	2	5	10	30	50
SO_4^{2-}	1	2	5	10	30	50

混合标准系列配制后，根据实验条件，按照仪器使用说明书和操作步骤将仪器调节至最佳色谱条件状态，即可进样，进样用 5 mL 注射器，赶走气泡后每次进样量 2 mL。测定其峰高和峰面积。标准曲线及相关资料可在仪器中查得。

2. 样品的测定

(1) 样品的采集

水样采集后先用滤纸粗过滤(除去悬浮物等)，再经 0.45 μm 微孔滤膜过滤，保存于清洁的玻璃瓶或聚乙烯瓶中。水样采集后应尽快分析，否则应在冰箱中 4 ℃保存，一般不加保存剂。样品保存时间见表 2-32-5。

(2) 样品的处理

① 高灵敏度的离子色谱法一般用稀释的样品，对未知的样品最好先稀释 100 倍后进样，再根据所得结果选择适当的稀释倍数。

② 对有机物含量较高的样品，应先用有机溶剂萃取除去大量的有机物，再过碳 18 柱，取水相分析。

表 2-32-5 样品的保存时间

名称	容器材质	保存时间
F^-和Cl^-	玻璃瓶	48 h
	聚乙烯瓶	1个月
NO_2^-	玻璃瓶或聚乙烯瓶	48 h
Cl^-	玻璃瓶或聚乙烯瓶	24 h
NO_2^-	玻璃瓶	48 h
SO_4^{2-}	玻璃瓶或聚乙烯瓶	1个月

③ 对污染严重的、成分复杂的样品，必须先用预处理柱同时去除有机物和重金属离子。对测定无机阴离子不影响。

(3) 样品的测定

对已经过上述处理的水样，按标准曲线的测定方法进样测定。

(4) 空白试验

以实验用水代替水样，经 0.45 μm 微孔滤膜过滤后，按标准曲线的测定方法进样测定。

五、计算

离子色谱仪自动计算结果，但样品如经过稀释或浓缩，应在结果中乘以或除以相应的倍数。

六、注意事项

(1) 因离子色谱柱相对较为昂贵，所以应注意保护色谱柱，如每次使用完后，应将色谱柱用去离子水(或洗脱液)按进样的方法冲洗干净。

(2) 待测水样不可以是严重污染的水样，必须经过前处理，以免污染色谱柱。淋洗液必须脱气后方可使用，样品一定要经过 0.45 μm 微孔滤膜过滤，防止样品中的颗粒物堵塞系统，污染色谱柱。

(3) 淋洗液经 0.45 μm 微孔滤膜过滤后方可使用。

(4) 用淋洗液配制标准溶液和稀释样品可除去水的负峰干扰，使定量更加准确。

(5) 注意整个系统不要进气泡，否则影响分离效果。

(6) 保留时间相近的两种离子，因浓度太大而影响低浓度阴离子的测定时，可用加标的方法测定低浓度的阴离子。

(7) 不被色谱柱保留或弱保留的阴离子干扰 F^- 和 Cl^- 的测定，若这种共淋洗的现象显著，可改用弱淋洗液（0.005 mol/L $Na_2B_4O_7$）。

（8）保证实验所用的器皿清洁，不能有一点的污染，所用器皿在使用前最好用去离子水浸泡过夜，防止引入污染，干扰测定。

（9）不同型号的离子色谱仪可参照本法选择合适的色谱条件。

实验33　水中铬、锌、铅元素含量的测定

（电感耦合等离子体原子发射光谱法）

一、实验目的与要求

掌握用电感耦合等离子体原子发射光谱法（ICP-AES）测定铬、锌、铅元素含量的方法。

二、概述

电感耦合等离子体原子发射光谱法，是以电感耦合等离子体为激发光源的一类光谱分析法。由于具有检出限低、准确度及精密度高、分析速度快、线性范围宽等优点，因此在国外ICP-AES法已发展成为一种极为普遍、适用范围广的常规分析方法，并已广泛用于环境试样、岩石、矿物、生物医学的元素测定，可同时测定金属与合金中数十种元素。

三、实验原理

1. 原理

电感耦合等离子体原子发射光谱法可以同时测定样品中多种元素的含量。当氩气通过等离子体火炬时，经射频发生器所产生的交变电磁场使其电离、加速并与其他氩原子碰撞。这种连锁反应使更多的氩原子电离，形成原子、离子、电子的粒子混合气体，即等离子体。过滤或消解处理过的样品经进样器中的雾化器被雾化并由氩载气带入等离子体火炬中，气化的样品分子在等离子体火炬的高温下被原子化、电离、激发。不同元素的原子在激发或电离时可发射出特征光谱，所以等离子体原子发射光谱可用来定性测定样品中存在的元素。特征光谱的强弱与样品中原子浓度有关。与标准溶液进行比较，即可定量测定样品中各元素的含量。

2. 干扰及消除

ICP-AES法通常存在的干扰大致可分为两类：一类是光谱干扰，主要包括连续背景和谱线重叠干扰。另一类是非光谱干扰，主要包括化学干扰、电离干扰、物理干扰以及试剂干扰等。在实际分析过程中，各类干扰很难截然分开，在一般情况下应予以补偿和校正。此外，物理干扰一般由样品的黏滞程度及表面张力变化而致，尤其是当样品中含有大量可溶盐或样品酸度过高时，都会

对测定产生干扰。消除此类干扰最简单的方法是将样品稀释。

3. 方法的适用范围

本方法适用于地表水和污水等水中20多种元素(元素周期表中的第2～4周期)溶解态及元素总量的测定。

① 溶解态元素:未经酸化的样品中能通过0.45 μm滤膜的元素成分。

② 元素总量:未经过滤的样品,经消解后测得的元素浓度。即样品中溶解态和悬浮态两部分元素浓度的总和。

三、仪器与试剂

1. 仪器

电感耦合等离子体原子发射光谱仪如图2-33-1所示。

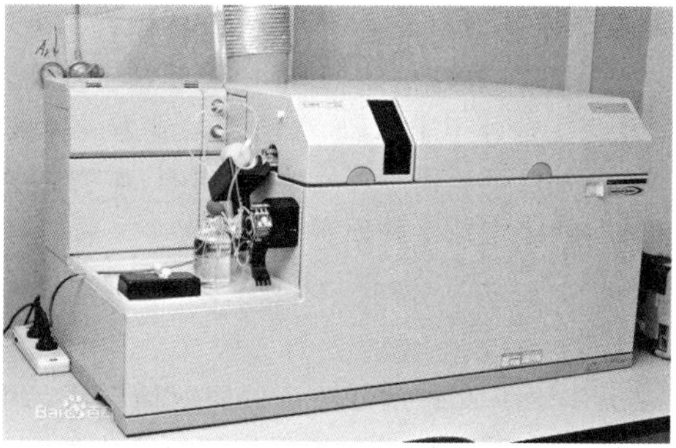

图2-33-1 电感耦合等离子体原子发射光谱仪

主要工作参数:

(1) 载气:氩气,气瓶内压力应大于5 MPa,输出压力0.60～0.65 MPa。

(2) 进样量:(蠕动泵速) 1.0～1.3 mL/min。

(3) 射频功率:1.1 kW。

(4) 光谱仪恒温控制温度显示值为33～35 ℃。

(5) 提升时间:1～20 s。

影响ICP-AES法分析特性的因素很多,对于不同的分析项目及分析要求,上述参数存在一定的差异。详细操作请参阅仪器使用操作规程。

2. 试剂

(1) 硝酸(优级纯)。

(2) 盐酸(优级纯)。

(3) 2%硝酸：用硝酸(优级纯)配制。

(4) 去离子水。

(5) 氩气：纯度不低于99.9%。

单元素标准贮备溶液的配制：

(1) 铬标准贮备液(1.00 mg/mL)。准确称取1.000 g金属铬于100 mL烧杯中，用30 mL(1+1)盐酸加热溶解，冷却，转移到100 mL容量瓶中，用水稀释至刻度，摇匀备用。

(2) 锌标准贮备液(1.00 mg/mL)。准确称取1.000 g金属锌于100 mL烧杯中，用40 mL盐酸溶液煮沸。冷却后，转移到1 000 mL容量瓶中，用水稀释至刻度，摇匀备用。

(3) 铅标准贮备液(1.00 mg/mL)。准确称取1.000 g金属铅于100 mL容量瓶中，用30 mL (1+1)硝酸加热溶解，冷却后，转移到1 000 mL容量瓶中，用水稀释至刻度，摇匀备用。

注：上述标准贮备液可购买国家标准物质中心监制的标准贮备液。

单元素标准中间溶液的配制：

(1) 分取上述铬、锌元素标准贮备液适量，稀释成浓度为0.10 mg/mL，用相应浓度为2%的酸进行稀释。

(2) 取铅元素标准贮备液适量，稀释成浓度为0.50 mg/mL，用相应浓度为2%的酸进行稀释。稀释后溶液酸度应保持在0.1 mL/L以上。

多元素混合标准使用溶液的配制：

(1) ICP-AES法可以同时测定样品中多种元素的含量。为进行多种元素的同时测定，简化操作手续，必须根据元素间相互干扰的情况与标准溶液的性质，用单元素标准中间溶液，分组配制成多元素混合标准使用溶液。由于所用标准溶液的性质、仪器性能以及对样品待测项目的要求不同，元素分组情况也不尽相同。

(2) 分取上述三种元素的标准中间溶液适量至三个100 mL容量瓶中，用相应浓度为2%的酸稀释至标线，配制成含铬、锌、铅浓度为1.0 mg/L、5.0 mg/L、10.0 mg/L的三个标准浓度溶液。稀释后溶液酸度应保持在0.1 mL/L以上。

四、实验步骤

1. 工作曲线的制备

取上述混合标准使用溶液，按仪器使用说明书的有关规定，选择最佳测量条件，三点标准化后，作标准工作曲线。可根据实际样品的浓度范围配制合适浓度的标准系列。

2. 样品的预处理

(1) 测定溶解态元素

水样采集后立即通过 0.45 μm 滤膜过滤，弃去初始的 50～100 mL 溶液，收集所需体积的滤液并用(1+1) 硝酸把溶液调节至 pH 值小于 2。若为废水试样则加入硝酸至含量达到 1%。

(2) 测定元素总量

取一定体积的均匀水样[污水取含悬浮物的均匀水样，地表水自然沉降 30 min后取上层非沉降部分，加入(1+1)硝酸若干毫升[视取样体积而定，通常 100 mL 水样加(1+1)硝酸 5.0 mL]，置于电热板上加热消解，保证溶液不沸腾，缓慢加热至近干(注意：防止把溶液蒸至干涸)，取下冷却，反复进行这一过程，直到试样溶液颜色变浅或稳定不变。冷却后，加入硝酸若干毫升，再加入少量的水，置于电热板上继续加热使残渣溶解。冷却后用 2%硝酸定容至原取样体积，使溶液保持 5%的硝酸酸度。

(3) 空白试验

取与样品相同体积的实验用水按样品处理的相同步骤制备空白溶液。

3. 样品测定

将预处理好的样品及空白溶液，在仪器最佳工作条件下，按仪器使用说明书的有关规定，选择最佳测量条件，按标准工作曲线的测定方法，做样品和空白的测定。扣除背景或以干扰系数法修正干扰。

五、计算

(1) 扣除空白值后的元素测定值即为样品中该元素的浓度。

(2) 如果试样在测定之前进行了稀释或富集，应将测定结果乘以或除以相应的倍数。

(3) PROGIGY SPEC 自动给出报告结果。

六、注意事项

(1) 仪器操作严格按照仪器的操作规程执行。

(2) 本实验使用的仪器应由专职技术人员管理及操作。

(3) 测定所用的玻璃仪器需清洗干净后，用 10%热硝酸荡洗，再用自来水冲洗、去离子水反复冲洗，以尽量降低空白背景。

(4) 若所测定样品中某些元素含量过高，应立即停止分析，并用 2%硝酸+0.05%聚乙二醇辛基苯基醚(Triton X-100)溶液清洗系统，将样品稀释后，继续分析。

（5）含量太低的元素可浓缩后测定。

（6）成批量测定样品时，每10个样品为一组，加测一个质控样品，用以检查仪器的漂移程度。当质控样品测定值超出允许范围时，需用标准溶液对仪器重新调整，然后再继续测定。

实验34 原子吸收分光光度法测定土壤和茶叶样品中铜和锌的含量

一、实验目的和要求

（1）了解原子吸收分光光度法的原理。

（2）掌握土壤样品、植物样品的消解方法，掌握原子吸收分光光度计的使用方法。

二、实验原理

火焰原子吸收分光光度法是根据某元素的基态原子对该元素的特征谱线产生选择性吸收来进行测定的分析方法。将试样喷入火焰，被测元素的化合物在火焰中离解形成原子蒸气，由锐线光源（空心阴极灯）发射的某元素的特征谱线光辐射通过原子蒸气层时，该元素的基态原子对特征谱线产生选择性吸收。在一定条件下，特征谱线光强的变化与试样中被测元素的浓度成比例。通过对自由基态原子对选用吸收线吸光度的测量，确定试样中该元素的浓度。

湿法消解是使用具有强氧化性酸，如 HNO_3、H_2SO_4、$HClO_4$ 等与有机化合物溶液共沸，使有机化合物分解除去。干法灰化是在高温下灰化、灼烧有机物质，使其被空气中氧所氧化而破坏。

本实验采用湿法消解土壤和茶叶中的有机物质。

三、仪器与试剂

（1）原子吸收分光光度计、铜和锌空心阴极灯。

（2）锌标准液。准确称取 0.100 g 金属锌（99.9%），用 20 mL（1+1）盐酸溶液，移入 1 000 mL 容量瓶中，用去离子水稀释至刻度，此液含锌量为 100 mg/L。

（3）铜标准液。准确称取 0.100 g 金属铜（99.9%）溶于 15 mL（1+1）硝酸中，移入 1 000 mL 容量瓶中，用去离子水稀释至刻度，此液含铜量为 100 mg/L。

（4）盐酸（分析纯）。

（5）硝酸（分析纯）。

四、实验步骤

1. 标准曲线的绘制

取 6 个 25 mL 容量瓶，分别加入 5 滴(1＋1)盐酸，依次加入 0、1.00 mL、2.00 mL、3.00 mL、4.00 mL、5.00 mL 浓度为 100 mg/L 的铜标准液和 0、0.10 mL、0.20 mL、0.40 mL、0.60 mL、0.80 mL 浓度为 100 mg/L 的锌标准液，用去离子水稀释至刻度，摇匀，配成含 0、0.40 mg/L、0.80 mg/L、1.20 mg/L、1.60 mg/L、2.00 mg/L 铜标准系列和 0、0.40 mg/L、0.80 mg/L、1.20 mg/L、1.60 mg/L、2.40 mg/L、3.20 mg/L 锌标准系列，然后分别在 324.7 nm 和 213.9 nm 处测定吸光度，绘制标准曲线。

2. 样品的测定

土壤样品的消解：准确称取 1.000 g 土样于 100 mL 烧杯中(2 份)，用少量去离子水润湿，缓慢加入 5 mL 王水(硝酸：盐酸＝1：3)，盖上表面皿。同时做 1 份试剂空白，把烧杯放在通风橱内的电炉上加热，开始低温，慢慢提高温度，并保持微沸状态，使其充分分解，注意消解温度不宜过高，防止样品外溅。当激烈反应完毕，大部分有机物分解后，取下烧杯冷却，沿烧杯壁加入 2～4 mL高氯酸，继续加热分解直至冒白烟，样品变为灰白色，揭去表面皿，赶出过量的高氯酸，把样品蒸至近干，取下冷却，加入 5 mL 1%的稀硝酸溶液加热，冷却后用中速定量滤纸过滤到 25 mL 容量瓶中，滤渣用 1%稀硝酸洗涤，最后定容，摇匀待测。

茶叶样品的消解：准确称取 1.000 g 已处理好的茶叶试样于 100 mL 烧杯中(3 份)，用少许去离子水润湿，加入混合酸 10 mL (硝酸与高氯酸的体积比为 5：1)。同时做 1 份试剂空白，待激烈反应结束后，移到由变压器控制的电炉上，微热至反应物颜色变浅，用少量去离子水冲洗烧杯内壁，盖上表面皿，逐步提高温度，在消解过程中，如有炭化现象可再加入少许混合酸继续消解，直至试样变白，揭去表面皿，加热近干，取下冷却，加入少量去离子水，加热，冷却后用中速定量滤纸过滤到 25 mL 容量瓶中，再用去离子水稀释至刻度，摇匀待测。

3. 测定

将消解液在与标准系列相同的条件下，直接喷入空气-乙炔火焰中，测定吸收值。

五、数据处理

根据所测得的吸收值(如试剂空白有吸收，则应扣除空白吸收值)，在标准曲线上得到相应的浓度 C(mg/mL)，则试样中：

$$铜或锌的含量=\frac{C\times V}{M}\times 1\,000$$

式中 C——标准曲线上得到的相应浓度，mg/mL；

V——定容体积，mL；

M——试样质量，g。

六、注意事项

(1) 细心控制温度，升温过快反应物易溢出或炭化。

(2) 土壤消解物若不呈灰白色，应补加少量高氯酸，继续消解。由于高氟酸对空白影响大，要控制用量。

(3) 高氯酸具有氧化性，应待土壤里大部分有机物质消化完，冷却后再加入，或者在常温下，有大量硝酸存在下加入，否则会使杯中样品溅出或爆炸，使用时务必小心。

(4) 若高氯酸氧化作用进行得过快，有爆炸可能时，应迅速冷却或用冷水稀释，即可停止高氯酸氧化作用。

原子吸收测量条件见表 2-34-1。

表 2-34-1　原子吸收测量条件

元素	Cu	Zn
λ/nm	324.8	213.9
I/mA	2	4
光谱带宽/nm	2.5	2.1
增益	2	4
燃气	C_2H_2	C_2H_2
助气	空气	空气
火焰	氧化	氧化

实验35　突发性环境污染事件应急监测计划制订

一、污染事件发生经过

某镇镇长上午10:30突然接到一村民举报，某小河被某印染厂直接排放的废水污染，河水已呈红色，当时正值稻田需水期，情况紧急，需要马上解决污染问题。

先致电印染厂，问明事实：8:30左右某施工单位的铲车不慎挖断印染厂靠近小河的排向污水处理站的废水管道，致使印染废水未经处理直接流入河中。该印染厂以化纤印染为主，使用的染料主要为分散染料，废水流量80～100 t/h。

二、现场处置

(1) 通知印染厂立即停止生产，阻断废水排放，有关损失容后处置。

(2) 立即通知生态环境局、环境监测站有关人员携带必要仪器设备到现场。

(3) 农民停止用河水灌溉，有关损失容后处置。

(4) 镇长等相关行政人员赶到现场。

全部人员到达现场，时间约为11:00。现场情况：

(1) 小河宽6～8 m，经测量平均水深0.6 m，上面为断头，向下流速极缓慢，接近零，污染物为自然扩散，看到变为红色的河水部分约长300 m。

(2) 取从印染厂排入河口和离排入口约80 m的两个水样，用试纸测定pH值为7.2。

(3) 两个水样分别加混凝剂(碱式硫酸铝和聚合硫酸铁)，混凝后均能产生明显沉淀，水样同时送环境监测站进行分析。

三、问题提出

根据现场初步调查，要求环境监测站负责：

(1) 根据情况提出应急处置方案，供领导决策。

(2) 进一步观测、监测，提出处置方案和生态恢复计划。

四、提示

本实验要求仿照实际情况，制订应急监测应急处置跟踪监测、善后处置、生态恢复方案。也可以研究提供对印染厂、农民和生态恢复的赔偿清单。

(1) 应急监测:进一步测量河流断面,计算排入河流总废水量、扩散速度,如确定以加混凝剂作为应急处置方法,则确定加入混凝剂的种类、加入量,并在最短时间内提供相应数据,计算加入浓度和加入方式(按照印染厂正常废水浓度和河水实际情况)。

(2) 跟踪监测:在应急处置后直到生态恢复前进行,确定监测项目、监测频率。

(3) 生态恢复:将本河流原始监测数据作为生态恢复依据,制订恢复计划、措施,注意底质清除数量和方法。

在无预案前提下,事件处置顺序大致为:

接举报→电话了解情况→阻断污染源→相关人员现场调查、监测→了解污染物扩散速度、范围、浓度→制订应急处置方案→现场处理→应急终止→追究责任、善后处置→跟踪监测、生态恢复。

实验36　怀疑环境中毒的监测方案制订

一、起因

有一患者住院7天后，医生怀疑是汞中毒，请环境监测人员协助研究分析。

二、问题提出

要求学生作为环境监测人员，提出监测方案予以证实。

三、提示

(1) 是否要调查该患者一段时间内，工作、生活、社会活动接触含汞化合物的可能性？如何调查？提出计划方案。

(2) 查阅人体各部位汞含量的标准，从哪些方面查阅？

(3) 如果要测定人体汞含量，选取哪一部位(注意患者住院已经7天)？分析原因，取样量多少？如何预处理？

(4) 老师提供头发样品，学生提出详细分析方案，经批准后实施，最终编写监测报告。

参 考 文 献

[1] 白延涛,高楼军,柴红梅.化工厂污水中挥发酚的测定研究[J].应用化工,2014,43(增刊):210-211.

[2] 蔡武.工业固体废物的腐蚀性及浸出毒性测定[J].污染防治技术,1996,9(3):150-151.

[3] 陈扬,汪德燿,赖锡军.固体废弃物资源化的现状和前瞻[J].国土与自然资源研究,2003(3):69-71.

[4] 成勇. 电感耦合等离子体原子发射光谱法测定铌铁中的硅、钽、钨、钛、铝、铜和锰[J]. 理化检验,2016,52(1):88-91.

[5] 董兆鹏. 五日生化需氧量测定中稀释水的制备[J]. 中国环境监测,2000,16(1):41.

[6] 窦燕生,王媛媛.大气悬浮颗粒物采样用中流量恒流装置的研制[J].环境与健康杂志,2010,27(5):458-459.

[7] 方凤满,王起超,郝庆菊.大气汞的来源、形态及环境过程研究现状[J].环境导报,2001(2):18-21.

[8] 冯立品,路迈西.汞污染控制[J].选煤技术,2007(4):140-143.

[9] 贺志庆,王文波. 发光细菌的特性及其在环境监测方面的应用[J]. 化学工程与装备,2008(7):105-106.

[10] 兰永清. 高效光催化剂的制备及催化消除水中细菌和偶氮染料的研究[D]. 北京:环境水质学国家重点实验室,2006.

[11] 雷泞菲,彭书明,李凛,等. 6 种常见中草药中重金属元素铅与镉的测定[J]. 时珍国医国药,2008,19(3):565-566.

[12] 李凡庆,朱育新.电感耦合等离子体原子发射光谱法测定植物体铁芒萁中的稀土元素[J].分析化学,1992,20(8):981.

[13] 李芳清. 酸碱滴定中指示剂对滴定分析准确度的影响[J]. 东华理工学院学报(自然科学版),2006,29(1):88-91.

[14] 李庆诚.北京城近郊区地下水硬度升高的原因及防治措施[J].城市问题,1990(6):45-49.

[15] 李榕.关于固体废物焚烧处理厂的地下水环境防治措施[J].科技资讯，2014，12(13)：141-142.

[16] 马淑勍.双波长分光光度法消除浊度对水中色度测定影响的研究[J].化学分析计量，2013，22(4)：72-75.

[17] 彭靖茹，甘志勇，梁立娟.石墨炉原子吸收法测定雪莲果中的铅・镉[J].安徽农业科学，2007，35(28)：8789-8790.

[18] 彭俊阳. 室内空气中甲醛检测方法探讨[J]. 建材与装饰，2019(29)：176-177.

[19] 沙鸥，顾凤，徐国想，等.光度法测定环境水样中溶解氧[J].理化检验-化学分册，2011，47(11)：1348-1350.

[20] 石芙蓉. 地表水中高锰酸盐指数测定的分光光度法与密封消解法的研究[D]. 重庆：重庆大学，2008：64.

[21] 宋春满，方敦煌，邓云龙，等. 土壤中17种有机氯农药残留量的毛细管气相色谱测定法[J]. 分析试验室，2007，26(6)：41-43.

[22] 宋欣欣. 水中絮体颗粒动态分布特征对絮凝效果影响研究[D]. 黑龙江：哈尔滨工业大学，2009：126.

[23] 孙亚志，葛风，刘兰.地表水中阴离子表面活性剂测定方法的改进[J].甘肃环境研究与监测，2003(2)：151-152.

[24] 台希，艾华林，朱利亚，等.微波消解-火焰原子吸收分光光度法测定金的研究[J].玉溪师范学院学报，2006，22(12)：73-75.

[25] 王玉平，李晶，王娟，等. 环境空气氮氧化物的测定 Saltzman 法[J]. 中国环境监测，1995(6)：3.

[26] 吴大伟. 环境电磁波辐射污染对人体健康的影响[J]. 环境科学，1982(5)：74-77.

[27] 谢宏秀. 化学耗氧量的快速测定法[J]. 重庆环境科学，1982(5)：52-53.

[28] 谢嘉驰. 中药材及饮片中二氧化硫残留快速检测技术研究[D]. 长沙：湖南中医药大学，2017：67.

[29] 徐琳，曹海燕.室内空气中氨测定影响因素的研究[J].广州化工，2010，38(10)：110-111.

[30] 许萍，习伟进，张晋童，等. ATP法测水中细菌数目效果评价及预警限值研究[J]. 工业安全与环保，2018(3)：90-94.

[31] 阳琴. 住宅室内降尘中多环芳烃污染研究与预警系统构建[D]. 重庆：重庆大学，2015：185.

[32] 尹丽欣. 纳氏试剂法在工业废水氨氮监测中的应用[J]. 福建分析测试，2008，17(1)：68-70.

[33] 于泓，王宇昕. 离子色谱法分析金属离子的研究进展[J]. 色谱，2007，25(3)：303-309.

[34] 张先丽. 气相色谱法在水质分析中的应用[J]. 地方病通报，2006(1)：38.

[35] 张颖. 农业固体废弃物资源化利用[M]. 北京：化学工业出版社，2005.

[36] 赵急世. 硫酸废水中重金属离子的分析[J]. 河南科技，2011(10下)：57.

[37] 朱法华，李小龙，段玖祥，等. 固定污染源排放可凝结颗粒物采样方法综述[J]. 环境监控与预警，2019，11(3)：1-11.